黄土滑坡灾害特征及防治对策

陈新建　王勇智　宋　飞　赵法锁　著

北　京

冶金工业出版社

2013

内 容 提 要

本书以吴起县为例，具体阐述了吴起县的自然地理概况，地质环境条件，地质灾害发育类型，黄土滑坡特征和形成机理，地质灾害区划与分区评价以及防治对策等内容；采用定性与定量相结合的方法划分吴起县地质灾害易发区和危险区，对地质灾害进行危害程度评价，提出了地质环境保护、防治原则和措施，为防灾减灾和制定区域防灾规划提供了基础依据。

本书可供从事地质灾害研究和黄土地区工程建设科研、勘查、设计、施工单位的技术人员学习参考，也可供相关专业高年级本科生和研究生阅读使用。

图书在版编目(CIP)数据

黄土滑坡发育特征及防治对策/陈新建等著 . —北京：冶金工业出版社，2013. 10

ISBN 978-7-5024-6421-9

Ⅰ. ①黄…　Ⅱ. ①陈…　Ⅲ. ①黄土区—滑坡—研究　Ⅳ. ①P642. 22

中国版本图书馆 CIP 数据核字（2013）第 242038 号

出 版 人　谭学余

地　　　址　北京北河沿大街嵩祝院北巷 39 号，邮编 100009

电　　　话　(010)64027926　电子信箱　yjcbs@ cnmip. com. cn

责任编辑　徐银河　美术编辑　杨 帆　版式设计　杨 帆

责任校对　郑 娟　责任印制　张祺鑫

ISBN 978-7-5024-6421-9

冶金工业出版社出版发行；各地新华书店经销；北京慧美印刷有限公司印刷

2013 年 10 月第 1 版，2013 年 10 月第 1 次印刷

169mm×239mm；13. 5 印张；263 千字；207 页

39. 00 元

冶金工业出版社投稿电话:(010)64027932　投稿信箱:tougao@cnmip. com. cn

冶金工业出版社发行部　电话:(010)64044283　传真:(010)64027893

冶金书店　地址:北京东四西大街 46 号(100010)　电话:(010)65289081(兼传真)

（本书如有印装质量问题，本社发行部负责退换）

前　言

中国是世界上黄土分布最广泛的国家，在黄河中游地区厚层黄土连续覆盖，形成蔚为壮观的黄土高原。黄土层厚而结构较疏松，空隙度大，柱状节理发育，易被侵蚀剥离，形成滑坡、崩塌、泥石流等区域地质灾害。黄土高原的地质灾害给人民生命财产和国民经济发展带来严重影响，对灾害的预防和治理具有非常重要的意义。

本书以陕西省延安市吴起县为研究对象。吴起县素有"陕北西藏"之称，自然条件差，基础设施薄弱，抵御自然灾害能力较低，尤其是近年来吴起县石油工业和交通发展迅猛，虽然退耕还林效果显著，但在脆弱的黄土地上施工极易诱发滑坡、崩塌、泥石流等地质灾害。

吴起县处于黄土高原腹地，介于毛乌素沙漠和洛川黄土塬之间的黄土梁峁区，黄土滑坡发育广泛，具有典型发育机理和滑动特征。该地区不仅滑动类型齐全，而且滑动机理具有黄土地区的代表性。因此，吴起县已成为黄土滑坡研究的重要地区，具有较高的学术研究前景。本书的研究将有助于推动黄土滑坡的深入研究，从宏观、微观两方面探讨黄土滑坡的剪切滑动特征，对黄土滑坡的精细研究有一定的借鉴参考价值。

本书依托"陕西省延安市吴起县地质灾害详细调查"项目（吴起县，项目编号为1212010814023），具体阐述了黄土滑坡的自然地理概况，地质环境条件，地质灾害发育类型，黄土滑坡特征和形成机理，地质灾害区划与分区评价以及防治对策等内容，对地质灾害进行了危害程度评价，提出了地质环境保护、防治原则和措施，为防灾减灾和制定区域防灾规划提供了基础依据。

　　囿于作者水平，书中不足之处，敬请广大专家和读者批评指正。

作　者

2013 年 7 月

目　录

1 绪 论

1.1 黄土滑坡研究现状

黄土是一种具有特殊物质成分、形态和性质的多孔隙弱胶结的松散沉积物，第四纪以来广泛分布在世界上许多国家和地区。我国黄土覆盖面积广阔，约为 $63.5 \times 10^4 \mathrm{km}^2$，主要分布于陇中东、陕北、蒙西南、晋、豫西北以及鲁西等地。黄土集中分布的陕西、甘肃、山西以及宁夏等省区，被称为"中央黄土高原"。黄土往往假整合覆盖于阶地以及新近系、白垩系、侏罗系等老地层的风化剥蚀夷平面上，形成蔚为壮观的黄土高原地貌景观。第四纪以来，黄土高原随地壳运动间歇性上升的同时，黄土也在不断沉积加厚；另一方面，黄土高原被各级河流不断侵蚀、下切河谷和冲沟，黄土"悬覆"于基岩之上。"此消彼长"的作用在河谷和沟谷两岸形成绵延不断的黄土斜坡，由于这种作用依然持续，那些遭受强烈自然营力作用的斜坡仅维持在临界平衡状态。近年来，伴随着人类经济与工程活动的加剧，黄土滑坡灾害发生频率呈现增加的趋势，对人民群众的生命和财产安全构成严重的威胁，甚至造成重大群死群伤灾难。

大量调查和分析表明，黄土滑坡具有以下一些共同特征：

（1）多数滑坡滑动速度快，瞬间启动、高速滑动，迅速达到新的"暂稳"状态。

（2）大型滑坡多数滑面埋深超过 20m，甚至切穿整个黄土层，使得古夷平面上的黄土层全部滑动、搬运至坡脚。

（3）滑动带受新近系红色黏土（或古土壤）控制，黄土与红土（或砂岩）界面构成主滑面。

（4）滑坡后缘拉裂，多形成陡坎；滑坡产生显著的滑动前兆（如地面变形、地面裂缝发生和发展），这些前兆与滑坡体内部大变形有关。

（5）受水影响大，往往发生于强降雨期间（包括短时间大雨、暴雨等强降雨和连续多日长时间的中雨、小雨等淋雨），还有一部分滑坡与冻融有关（即地下水位升高）。

（6）部分滑坡转化为泥流，在更大范围内形成灾害。

（7）往往与工程开挖、农业灌溉、削坡建房等人类活动有关。

黄土滑坡的实质是黄土剪切破坏，因此，黄土剪切特征是国内外广泛研究的重点。早期剪切试验是以黏土为研究对象（Hvorslev，1960；今井秀喜等，1963；Skepton，1966）的。近年来，许多学者进行了非饱和黄土和饱和黄土的剪切试验，对黄土滑坡剪切带的形成机制、临界条件以及剪切带物性变化等开展了大量的研究工作。非饱和黄土研究主要集中在传统的三轴和直剪测试以及少量非饱和三轴和极少的环形剪切试验研究，重点关注了含水量对剪切行为的影响；在饱和黄土研究中，使用三轴和大型环形剪切装置系统研究了动态循环加载条件下黄土的液化行为，静态加载的饱和黄土的剪切行为主要集中在三轴试验上。

宋克强等以关中地区黄土滑坡为原型制作了1∶150比例尺的模型，分别模拟均质土滑坡和有软弱带的滑坡，证实了边坡变陡时坡顶拉应力增大、坡脚剪应力增大。卢全中等对大尺寸裂隙性黄土进行了直剪试验，结果显示在不同正应力作用下的剪应力-剪切位移曲线具有弱硬化型特点，裂隙张开、闭合程度对抗剪强度有直接影响。张照亮等对注浆黄土进行原位剪切试验，结果显示注浆可以较大幅度地提高土体的抗剪强度。陈志敏等通过分别考虑新老土层结合面及圆弧滑面含水量、液性指数、塑性指数等，提出黄土滑坡最不利滑面综合分析方法。周永习等对原状黄土的大量不排水剪切试验结果表明，饱和黄土表现出了两种不同的典型剪切特性：稳态特性和准稳态特性。王松鹤、骆亚生对杨凌黄土进行三轴剪切蠕变试验，建立了适合杨凌地区黄土的经验蠕变模型。张帆宇通过非饱和土的排水环形剪切试验、饱和黄土的不排水环形剪切试验，解释了非饱和黄土斜坡的演化机制和没有触发条件下的自发式失稳，以及黄土液化高速长距离移动和灌溉诱发的黄土滑坡季节性复活机理。张茂花等通过增湿剪切试验表明黄土的极限强度是围压和初始含水量的二元函数；党进谦、李靖等通过直剪实验成果提出非饱和黄土抗剪强度公式；李如梦通过三轴不固结不排水剪切试验，探讨含水量对兰州黄土剪切强度特性的影响，提出了黏聚力、内摩擦角与含水量的关系表达式。龙建辉从蠕变角度解释黄土滑坡滑带土的物理特性；袁晓蕾则从统计角度解释黄土滑坡的滑带土强度试验参数的取值方法；潘春雷测试了黄土滑坡滑带土的物理特性、强度特性、蠕变特性；扈胜霞测试了非饱和黄土的直剪强度，探讨了吸力与黄土强度的关系。李瑞娥从宏观变形破坏特征、微观结构特征系统论述了黄土滑坡滑带土的变形破坏模式。雷胜友、唐文栋等利用CT扫描分析原状黄土损伤破坏过程。邵生俊、李宏儒、胡再强等对黄土进行真三轴试验，研究黄土的剪切破损过程。崔向美等研究了黄土在动扭剪条件下的力学特性，分析了动荷作用下黄土动本构关系、动模量、动强度等。吴志刚、蔡东艳研究了黄土的结构特性与剪切之间的关系。焦黎杰、沈珠江、胡再强等引入破损力学开展实验，研究黄土剪切破损结构演化机理，建立黄土二元剪切本构模型。房江锋通过人工切割黄土模拟节理，探讨了黄土节理的抗剪强度，揭示出黄土节理表面形态对抗剪强度参数 c、ϕ 值的影响规律，黄土节理的摩擦角随含水量的增加呈二次曲线变化。

以上研究从不同角度探讨了黄土的剪切特性，显示出黄土的抗剪强度与围压、含水量、结构性等有关，其中初始含水量及其在剪切过程的变化是被关注的重点，黄土中广泛发育的节理裂隙和非饱和性也是黄土剪切中的两个关键问题，尚待进一步的研究。

1.2 黄土滑坡一般分类

黄土滑坡是黄土地区最为常见的地质灾害，不仅产生于特定环境，而且具有其特定的发生、发展、演化乃至消亡的动态过程和规律；更因其具有频发性、广布性、复杂性、灾难性而威胁人民生命财产和水电、交通等工农业设施安全，成为黄土地区一种典型的、至今仍不能有效根治的灾害现象。对黄土滑坡进行合理的分析分类是认识、分析、研究滑坡机理过程的重要手段，因此有必要梳理一下黄土滑坡的类型。

1.2.1 基本分类

吴玮江、王念秦按黄土高原地区物质组成将黄土滑坡分为广义黄土滑坡和狭义黄土滑坡。狭义黄土滑坡是由纯黄土组成的。广义黄土滑坡是指发生在黄土地区的主要由黄土或黄土和下伏中、新生界红黏土岩组成的滑坡。根据滑坡体物质组成及滑面的发育位置，将其进一步划分为黄土层内滑坡、黄土接触面滑坡、黄土-红黏土顺层滑坡和黄土-红黏土切层滑坡4种基本类型，各种类型黄土滑坡的基本特征见表1.1。黄土滑坡基本分类示意图如图1.1所示。

表1.1　黄土滑坡基本分类及特征

滑坡类型		滑动面位置	基本特征	变形破坏的地质力学模式
狭义黄土滑坡	黄土层内滑坡	主滑面发育在相对均匀的黄土层内，沿古土壤层面滑动	滑体基本全由不同时代黄土及黄土状组成。滑动面近似圆弧形，光滑，后部受垂直节理控制，较陡直。多具崩滑特征	多为滑移-拉裂型
	黄土接触面滑坡	主滑面位于含水量高或饱水的黄土-红黏土接触面处	滑体主要由马兰黄土组成，常带动少量红黏土顶部强风化层，滑动面较平直，倾角多在10°~20°。剪出口常见黄色和红色混杂土	滑移-拉裂型或塑流-拉裂型
广义黄土滑坡	黄土-红黏土顺层滑坡	主滑面沿倾向向坡外的岩层中软弱层面及夹层发育，上部黄土中滑面为拉裂面	滑体主要由离石黄土和中、新生界岩层组成。主滑面平直，受岩层产状控制，倾角一般为10°~20°	滑移压致拉裂型或滑移-拉裂型

滑坡类型		滑动面位置	基本特征	变形破坏的地质力学模式
广义黄土滑坡	黄土-红黏土切层滑坡	主滑面斜切岩层，在斜坡自重作用下沿节理、裂隙等结构面发育	滑体主要由黄土和中、新生界岩层组成。主滑面后部较陡，易形成大型滑坡	滑移-拉裂-剪断型

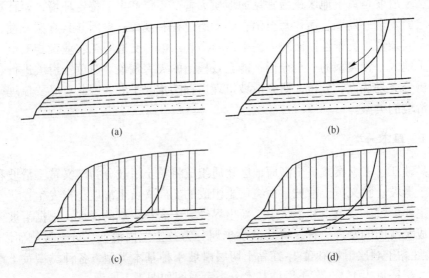

图 1.1 黄土滑坡基本分类示意图

（a）黄土层内滑坡；（b）黄土接触面滑坡；（c）黄土顺层滑坡；（d）黄土切层滑坡

1.2.2 工程分类

工程中常将黄土滑坡分成以下几种类型：

（1）黄土滑坡按滑体厚度分为：浅层滑坡（厚度在 10m 以内）、中层滑坡（厚度在 10 ~ 25m 之间）、深层滑坡（厚度在 25 ~ 50m 之间）和超深层滑坡（厚度超过 50m）。

（2）黄土滑坡按运动形式分为：推移式滑坡和牵引式滑坡。推移式滑坡上部岩层滑动，挤压下部产生变形，滑动速度较快，滑体表面波状起伏，多见于有堆积物分布的斜坡地段。牵引式滑坡下部先滑，使上部失去支撑而变形滑动，一般速度较慢，多具上小下大的塔式外貌，横向张性裂隙发育，表面多呈阶梯状或陡坎状。

（3）黄土滑坡按产生原因分为：自然滑坡和工程滑坡。自然滑坡是由于自然地质作用产生的滑坡，按其发生的相对时代可分为古滑坡、老滑坡、新滑坡。工程滑坡是由于施工或加载等人类工程活动引起滑坡，还可细分为工程新滑坡

（由于开挖坡体或建筑物加载所形成的滑坡）和工程复活古滑坡（原已存在的滑坡，由于工程扰动引起复活的滑坡）。

（4）黄土滑坡按稳定程度分为：活动滑坡和不活动滑坡。活动滑坡是指滑坡发生后仍继续活动的滑坡，其后壁及两侧有新鲜擦痕，滑体内有开裂、鼓起或前缘有挤出等变形迹象。不活动滑坡是指滑坡发生后已停止发展，一般情况下不可能重新活动，坡体上植被较茂盛，常有建筑物，俗称死滑坡。

（5）黄土滑坡按发生年代分为：新滑坡、老滑坡和古滑坡。新滑坡是指现今正在发生滑动的滑坡。老滑坡是指全新世以来发生的、现今整体基本稳定的滑坡。古滑坡是指全新世以前发生滑动的、现今整体稳定的滑坡。

（6）黄土滑坡按滑体体积分为：小型滑坡（体积方量小于 $10 \times 10^4 \mathrm{m}^3$）、中型滑坡（体积方量为 $10 \times 10^4 \sim 100 \times 10^4 \mathrm{m}^3$）、大型滑坡（体积方量为 $100 \times 10^4 \sim 1000 \times 10^4 \mathrm{m}^3$）和特大型滑坡（体积方量为 $1000 \times 10^4 \sim 10000 \times 10^4 \mathrm{m}^3$），体积方量大于 $10000 \times 10^4 \mathrm{m}^3$ 则称为巨型滑坡。

（7）黄土滑坡按人类活动营力因素分为：水利灌溉工程引起的黄土滑坡、工程开挖卸载造成的黄土滑坡、工程堆载引起的黄土滑坡和地下采矿活动引起的黄土滑坡。

（8）黄土滑坡按所在位置分为：黄土塬边滑坡、黄土梁侧滑坡、黄土梁端滑坡、黄土峁坡滑坡以及黄土阶地滑坡。

（9）黄土滑坡按诱发因素分为：1）水软型黄土滑坡，包括降雨型黄土滑坡、灌溉型黄土滑坡、冻融型黄土滑坡、库岸型黄土滑坡；2）工程型黄土滑坡，包括堆载型黄土滑坡、削坡型黄土滑坡、采空型黄土滑坡、地下工程型黄土滑坡、振动型黄土滑坡和其他工程型黄土滑坡；3）地震型黄土滑坡。

1.2.3 其他分类

黄土滑坡是黄土地区经常性发生的一种表生地质灾害，从各自的研究目的出发，不同的学者对黄土滑坡的分类各不相同。

（1）中国铁道科学研究院西北分院根据滑体物质组成和厚度将黄土滑坡分为：1）洪积老黄土滑坡；2）洪积、风积黄土滑坡；3）风积、坡积黄土滑坡；4）极深层黄土滑坡、中层黄土滑坡和浅层黄土滑坡。

（2）乔平定也从不同角度对黄土滑坡进行了分类：1）按滑体厚度分为：巨厚层滑坡（$H > 50\mathrm{m}$）、厚层滑坡（$H = 20 \sim 50\mathrm{m}$）、中层滑坡（$H = 6 \sim 20\mathrm{m}$）和浅层滑坡（$H < 6\mathrm{m}$）；2）按滑坡产生时代分为古滑坡、老滑坡、新滑坡和新生滑坡；3）按力源分为：推动式滑坡和牵引式滑坡；4）按剪出口与坡脚的关系分为坡基滑坡和坡体滑坡；5）按诱发因素可分为自然因素滑坡和人为因素滑坡。

（3）王成华等从水与融冻角度提出如下分类：1）崩塌推移型，包括暴雨崩塌推移型、融冻崩塌推移型、溶蚀潜蚀崩塌推移型和地震崩塌推移型；2）错落转动型，包括暴雨错落转动型、融冻错落转动型和潜蚀错落转动型；3）蠕动平移型，包括融冻蠕动平移型和溶、潜蚀蠕动平移型。

(4) 雷祥义按照人类触发黄土滑坡的工程经济活动的性质及作用的地貌部位，将黄土高原人为黄土滑坡划分为 5 种类型：1）灌溉型黄土滑坡（塬面）；2）挖空型黄土滑坡（坡脚）；3）毁林毁草型黄土滑坡（坡面）；4）加荷型黄土滑坡（坡顶）；5）采空型黄土滑坡（坡底）。

(5) 李同录等建立了黄土滑坡的运动学类型：1）错落式滑坡：多发生在被厚层黄土覆盖的高阶地上，斜坡坡脚处的基岩在河流的侵蚀侧出露地表；2）高速远程滑坡：常发生在有开阔临空面的高陡黄土塬边，为纯黄土滑坡，往往具有很高的滑速和很远的滑距，坡顶灌溉或降水是滑坡发生的主要诱发因素；3）低速缓动滑坡：黄土与红黏土或砂岩接触类滑坡，坡体前部以水平位移为主，以地表隆起、挤压为主要变形形式，滑体后部以垂直位移为主，常产生拉裂、陷落等变形，形成一系列弧形拉裂缝；4）滑坡泥流：滑坡滑动后迅速转化为泥流。

1.2.4 新类型

典型的滑坡由三部分组成，即滑动体、滑动面（带）和滑床。通常黄土滑坡的滑动体主要由黄土组成，其滑动带可能是：

(1) 黄土中黏粒含量高的土层。

(2) 黄土与滑床风化物的混杂体。

(3) 某种岩层中的软弱夹层。

近年来对黄土的深入研究，揭示出陕北黄土高原较大范围内地层缺失下更新统午城黄土（Qp_1），张宗枯（1983）在研究中国黄土地层时描述了吴起县白豹镇土佛寺地区的一个剖面：自赤顶至沟谷底部连续出露第四纪及新近纪地层，剖面上部为第四系黄土堆积。之后，张宗枯等（1989）又进一步提出，白于山南部的吴起地区在新近纪末至第四纪中期存在一个面积约 $200km^2$ 的大型古湖盆（"吴起盆地"），其中沉积了厚达百米的湖相沉积物，含有早更新世的动物化石。值得注意的是，文中还指出，白于山南北两侧第四纪以来的古环境完全不同；北侧的盆地基底由新生代之前的地层构成，古盆地内的河湖相堆积主要是晚更新世萨拉乌苏的地层，其下往往不见新近纪地层而直接覆盖于白垩纪砂岩之上，吴起盆地中的这一套第四纪早期湖相沉积物在白于山以北并未发现；而在南侧构成古地形面的主要是晚新近纪地层，新近纪红黏土及河湖相沉积是主要地层，其下大部分为湖相堆积。

朱照宇、丁仲礼指出上新世时期，黄土高原区具有准平原化过程中分散的辐聚状水系格局，以内陆河湖为主；至更新世早期，之前的大型湖盆此时已急剧收缩，仅在陇西、陕北地区分布有几十个孤立的小型湖盆，水系格局仍以零星分散的内流河为主；从沉积角度来看，黄土地层与河湖相地层是同期异相的两套相互关联的沉积系列，只是由于所处的地貌位置不同才显示出不同的接触关系。

孙蹻、岳乐平等利用岩石磁学及古地磁年代学方法并结合多种气候指标对代表"吴起古湖"的土佛寺剖面（见图1.2）进行了初步研究，结果表明湖相沉积物中特征剩磁的载体主要为磁铁矿和赤铁矿，由此推断"吴起古湖"的演化大致经历了以下三个阶段：

（1）古湖形成时期：时间为3.0～2.5Ma B.P.（此时正是新近纪末第四纪初过渡期），水体相对较深。

（2）古湖消退时期：时间为2.50～2.05Ma B.P.（此时正是下更新统午城黄土形成期），受古气候变化的影响湖水明显变浅。

（3）古湖消亡时期：时间为2.05～1.20Ma B.P.，古湖中仍有一定量的水体存在，但随后逐步缩小并最终消亡。该地区气候条件在1.2Ma B.P.左右的恶化是导致吴起古湖消亡的主要因素，区域构造活动引起的北洛河溯源侵蚀并切穿湖盆可能也是原因之一。

以上说明全新世早期在吴起小区域内存在湖相沉积层。该层上部为灰白色、灰绿色泥质-粉砂质沉积物，混有棕红、棕黄色黄土质沉积物；下部为棕黄、浅棕红色黏土、粉土质沉积物，含白色钙质颗粒；该层以粉质黏土为主。作者在吴起县薛岔川中发现出露有厚层状砂砾石层，并取得湖相沉积的粉质黏土（见图1.2）。根据在吴起县的地质灾害调查，可以划分新的黄土滑坡类型，即沿着湖相沉积层接触面滑动来划分。

黄土滑坡受地层结构影响显著，地层既是构成斜坡的基础，也是控制滑坡发育的重要基础，同时又是揭示滑坡滑动机理的介质，故而从滑动地层角度划分滑坡可以对比说明滑动前后的变化。这种分类方案有利于黄土地区滑坡规律的认识和灾害防治，反映了黄土滑坡的主控因素，各类滑坡活动特征明确。根据上述最新分析，将黄土滑坡分为以下几种类型：

（1）黄土层内滑坡。发生在黄土内部，常见于厚度较大的黄土塬边、黄土梁侧，沿黄土层面（古土壤层面）顺层滑动或错动黄土层（古土壤层）

图1.2　吴起县白豹镇土佛寺剖面（孙蹻，2010）

切层滑动；当临空面陡直时滑坡伴随崩塌一起发生，属纯黄土滑坡，可划归为均值土滑坡。顺层滑坡常发生在斜坡中上部，滑出后坠落于坡脚附近，规模不大；切层滑坡常错断部分乃至全部离石黄土层，伴随崩塌，规模较大。滑动面近似圆弧形，光滑，后部受垂直节理控制，较陡直。

（2）黄土-红黏土滑坡。黄土与红黏土接触面为主要滑面段，中上部滑面依然在黄土内，属错断黄土层。主滑面由黄土-红黏土接触带浸水泡软的泥化层组成。滑动面埋藏较深，滑坡规模较大。多数情况下滑坡沿红黏土面顺层滑动，少数错动红黏土层切层滑动。滑坡前缘（滑坡舌）可见黄色土体与红色土体的混杂现象。

（3）黄土-砂卵石层滑坡。当地下水位很浅，阶地砂卵石层含水量很高甚至饱和的情况下，阶地上马兰黄土（含类黄土）与砂卵石层接触面为滑动面。滑坡规模一般不大，但滑距较大并具有多级滑动特征。不合理开采阶地砾石和沙料使高阶地卵石层在河谷两岸一些地区有所出露，导致上覆坡体悬空，形成高陡的临空面。另外，阶地上降水、生活用水及灌溉水长期渗入水敏性和湿陷性极强的黄土中，严重破坏了天然斜坡的稳定性，这些都是导致阶地滑坡发生的主要因素。最为典型的黄土阶地滑坡为甘肃永靖黑方台和陕西泾阳南塬滑坡。

（4）红黏土-砂岩滑坡。滑坡切穿红黏土层，由风化砂岩面剪出，滑面埋深大、滑坡规模大。当滑面中近水平段较长时表现为蠕变滑动为主，局部坍塌、垮塌；当滑面中近垂直段较长、近水平段较短时表现为剧动高速滑坡。

（5）黄土-粉质黏土滑坡。由于沉积原因，黄土披覆在湖相沉积层上（以粉质黏土为主，局部发育砂卵石层），黄土携裹部分湖相沉积物一起滑动，于湖相沉积层接触带滑动剪出，滑动规模较大。

黄土-粉质黏土滑坡是黄土滑坡的新类型。湖相沉积的粉质黏土，夹在离石黄土和红土中间，呈条带状展布（见图1.3），是红土上一层新的滞水层，增湿

图1.3　试样中的粉质黏土（湖相沉积，吴起）

后强度显著降低,成为大型滑坡剪切带的"偏爱"。

此外还有部分滑坡复活后,沿老滑坡的既有滑面重新滑动。

1.3 黄土滑坡机理

黄土滑坡的形成过程可分为以下几个阶段:

(1)蠕动-拉裂阶段。在自然和人为双重因素的影响下,斜坡部分土体的强度逐渐减弱,最终因抗剪强度小于剪切应力而发生变形。在自重作用下,坡体开始向临空方向蠕动;其后缘处于拉应力状态,易产生拉裂缝,导致蠕动变形。

(2)滑动-破坏阶段。拉裂逐渐加深,待坡体的软弱带全面贯通后,坡体后缘段便以一定推力推动主滑段。当此推力加上主滑段自重分力的复合作用,使主滑带面上的剪切力大于其自身的抗剪力时,坡体便开始整体向下滑动,前一级牵引着后一级,同时后一级滑体(楔形体)也推挤前一级滑体。

(3)逆掩-压密阶段。在滑体滑移的过程中,前缘坡体选择最能消除剪应力的面,以逆掩形式、沿最小阻力的地带挤出,表现为地面隆胀、路面缩窄等破坏形式。

经历上述三个阶段后,坡体势能降低,在滑动面摩擦阻力的作用下,逐渐趋于稳定。滑动面附近的土体,由于压密、固结程度提高,整个滑坡的稳定性也不断提高。

因地层岩性和坡体结构不同、主要作用和诱发因素不同,国内外学者提出了不同的滑坡机理理论和假说。归纳起来简述如下:

(1)孔隙水压力变化理论。以有效应力原理为理论基础,认为应力和水都可以改变孔隙水压力。降雨(或灌溉等)期间或降雨后斜坡岩土体内孔隙水压力的升高和基质吸力的减小,使得潜在滑动面上的有效应力及抗剪强度降低,从而诱发降雨型滑坡。降雨入渗破坏黄土结构,引起孔隙水压力变化,诱发滑坡。

在一定的斜坡应力状态和剪应力水平下,黄土的破坏主要是潜在滑动面上孔隙水压力的增大,减小了滑带土的抗滑力。在黏聚力和内摩擦角基本不变的情况下,孔隙水压力的增大,减小了滑面上的有效正应力和摩擦阻力,从而减小了黄土的抗剪强度。含水量增加,降低基质吸力;孔隙水压力增加,黄土结构破坏。

(2)斜坡应力调整理论。以极限平衡理论为基础,认为雨水、农业灌溉补给地下水的增湿、软化作用是黄土滑坡的根本诱发原因之一。因河流下切和侧蚀,或因人工开挖坡脚,或因斜坡上部加载,或因地下采空改变了斜坡的外形和其中的应力分布状态,造成在坡脚剪应力集中,潜在滑动面上应力的增大可能先在坡脚附近超过其抗剪强度而破坏,形成塑性区,从而引起坡体内主要是潜在滑带土的应力重分布,剪应力向塑性区临近、集中,造成塑性区逐步扩大而形成滑面。

季节冻融作用不但在斜坡表层产生强烈作用，而且可引起斜坡深处地下水富集、土体软化范围扩大和静动水压力增大等冻结滞水效应，促使斜坡整体性大规模变形破坏，导致滑坡发生，即存在"冻结滞水"促滑效应。

当滑坡不利应力增长时，斜坡下滑力迅速增大（或抗滑力迅速减小），往往形成剧动高速滑坡；斜坡下滑力缓慢增大（或抗滑力缓慢减小），则易形成渐进式破坏。斜坡中储存有可恢复的应变能时，在垂直或水平卸荷过程中，这种应变能的释放是渐进破坏的重要条件，形成多滑面滑坡（多级旋转黄土滑坡）。

（3）残余强度理论。由试验认为残余强度与黄土的状态无关，黄土滑坡滑动面上的平均剪应力计算值更接近于土的残余强度，而不是峰值强度。在发生滑坡前，一般先逐渐发展形成一个滑动面，土的抗剪强度也由峰值逐渐降低到残余强度。天然斜坡在地质历史上因为有足够的时间让它逐渐发展形成一个滑动面，因此这类斜坡的稳定性依赖于其残余强度。

黄土由于结构性而显示出一定的超固结性，随着剪应变的增大，黄土结构遭到破坏后黏聚力急剧降低；随时间推移，其抗剪强度达到峰值后会逐渐降低而达到其残余强度，同时在剪切带附近产生大量裂隙，裂隙面已接近残余强度，破坏常在裂隙面附近或裂隙密集处发生，而后逐渐向邻区扩展贯通而形成滑坡。

（4）滑带土液化理论。"饱和"和"振动"是滑带土液化理论的两个必备条件。黄土（粉土）在地震、列车振动或其他振动作用下突然液化使其上覆土体发生滑坡。地震作用下的抛射-粉尘化效应形成黄土低角度远程滑坡。水的下渗使黄土饱水后溶解胶结物，黏聚力降低，造成局部压缩和剪切变形，先引起坡顶开裂，然后在地表水灌入裂缝时产生静水压力及滑体蠕动阶段的脉动力或地球脉动造成了滑带土的突然液化，进而在黄土底层饱和后形成高速远程滑坡。

滑带土液化理论的实质是孔隙水压力理论的扩展，即孔隙水压力等于上覆土体压力，土体结构遭到破坏，几乎丧失抗剪能力。

自然界中的滑坡，可能处于稳定状态，也可能处于极限状态（或称不稳定状态）。当滑坡处于极限状态，就可以建立库仑强度极限平衡方程；如果已知滑动面强度参数和滑体重度，则极限平衡方程为一个恒等式。当滑坡处于非稳定状态（非极限状态），此时库仑强度方程不适合。通过人为改变滑坡的边界条件或强度参数，使其达到一种可以建立极限平衡方程的虚拟极限状态，常有三种方法：

（1）加大下滑力矩（减小抗滑力矩）：即给下滑力矩乘以一个系数 K 或用抗滑力矩除以一个安全储备系数，这种情况用于圆弧形滑动面，建立力矩平衡方程。加大下滑力矩和减小抗滑力矩的实际效果是一致的，力矩平衡方程也是一样的。Fenlumius 法就是这种情况的典型。

（2）减小抗滑力：抗滑力是由滑动面抗剪强度决定的，因此相当于给滑动

面抗剪强度除以 K。大多数极限平衡法都是这种情况，既用于圆弧法（如 Bishop 法、Spence 法（1967）），也用于非圆弧滑动面（如 Janbu 法、Morgenstern-price 法、samra 法等）。

（3）增大下滑力：给每一块的下滑力乘以系数 K，工程上常采用的推力传递法就属于这种情况。

2 自然地理概况

2.1 自然地理与社会经济发展概况

2.1.1 自然地理与交通

吴起县位于陕西省延安市西北部，地处黄土高原腹地，西北与定边县接壤，东南与志丹县毗连，东北以红柳河为界与靖边县隔河相望，西南与甘肃省华池县为邻。吴起县南北长 93.4km，东西宽 79.89km，总面积 3791.5km^2。地理坐标为东经 107°38′57″~108°32′49″，北纬 36°33′33″~37°24′27″。吴起县的交通以公路为主，与西安以及甘肃、宁夏两省皆有省级公路可通。全县拥有省级公路 78km（省道 303），县、乡级公路 291km，全县公路通车里程达到 1606.3km，但路面质量较差（见图 2.1）。

吴起县地貌属黄土高原梁状丘陵沟壑区，海拔在 1233~1809m 之间。境内有无定河与北洛河两大流域，地形主体结构可概括为"八川二涧两大山区"。

2.1.2 社会经济发展概况

2.1.2.1 社会经济现状

吴起县辖 1 个街道办 4 个镇 8 个乡，164 个行政村，总人口 12.5 万人（2008年），其中农业人口 10.6 万人。人口密度为 32.7 人/km^2。吴起县辖 1 个街道办 4 个镇 8 个乡分别是：洛源街道办、吴起镇、铁边城镇、周湾镇、白豹镇、吴仓堡乡、新寨乡、王洼子乡、庙沟乡、长官庙乡、薛岔乡、五谷城乡、长城乡。人口密度最大的是洛源街道办（县城）；王洼子乡面积 280km^2，人口总数为 4207 人，密度 15 人/km^2，是全县人口密度最低的乡镇。

相传战国名将吴起曾在此驻兵戍边，为纪念他而命名吴起县。1935 年 10 月19 日，中央红军到达吴起镇与陕北红军胜利会师，从此结束了举世闻名的二万五千里长征，后改为吴旗。2005 年 10 月 19 日更名为吴起县。现有毛泽东旧居、革命烈士纪念牌、"切尾巴"战役遗址等，是进行革命传统教育的基地。

全县资源丰富，石油、天然气探明储量 1.5 亿吨。吴起采油厂对县域经济贡献巨大，2008 年吴起采油厂生产原油 182 万吨，实现产值 51 亿元。2009 年 4 月总长约为 397.18km、设计输量 600 万吨/年的延长石油管输公司吴起至延炼原油管线顺利投入运行，进一步加快了区域石油工业的发展。

图 2.1 吴起县交通位置图

区内土地广阔，人均占有土地面积 48 亩。农村经济已由单一粗放的传统农业，向集约型农业转变，以杏、羊、豆、油为主导，烟、果、药为后续的多种经营收入已占到农村经济总收入的 60%。种植业以粮、林、草占主导地位，粮食品种繁多，主产荞麦、谷子、糜子、豆子、葵花及豆类等秋粮作物。

吴起县是全国退耕护林示范县、沙棘基地建设示范县、全国造林先进县。从 1998 年开始实施退耕还林政策，到目前全县林草覆盖率达到 49.6%，现有人工草地 90 万亩，林地 191 万亩，成林沙棘 125 万亩。羊肉、荞麦、山杏、沙棘、苜蓿草等地方农特产品资源丰富，美名远扬。依托特色优势资源研制开发出的胜利山牌荞麦香醋（国家免检和陕西名牌产品）、百里香牌吴起羊肉、绿源牌开口杏仁和沙棘保健茶等产品远销海内外，深受消费者青睐。羊毛地毯又是另一农业产业。

目前已建成以石油工业为龙头，建材、食品加工为骨干的工业体系。

全县 2008 年完成生产总值 80.8 亿元，增长 22.3%，其中一、二、三产分别实现增加值 3.3 亿元、72.1 亿元和 5.4 亿元，分别增长 0.3%、24.2% 和 13.1%；财政总收入 26.8 亿元，其中地方财政收入 14.8 亿元，分别增长 17.3% 和 8.5%；固定资产投资 53.2 亿元，增长 15.5%；农民人均纯收入 3658 元，城镇居民人均可支配收入 13006 元，分别增长 37.6% 和 25.3%；社会消费品零售总额 2.6 亿元，增长 20.6%。县域经济综合实力明显增强，跻身于"中国全面小康成长型百佳县"和"2008 年度全国最具区域带动力中小城市百强"行列。2009 年完成生产总值 81.87 亿元，增长 14.9%。2009 年度"陕西省县域经济社会发展十强县"中吴起县排第六。

2.1.2.2　社会经济发展规划

随着改革开放和西部大开发的发展，吴起县加大交通、通信、水利等基础设施建设，以农业产业结构调整为重点，搞好退耕还林（草）及流域综合治理，大力改善生态环境，推进农业产业化、现代化进程，促进县域经济大发展。"十一五"期间，主要社会经济发展项目：全面加快农村基础设施建设，使农民生产生活条件大为改观。新修基本农田 22.5 万亩，累计达到 31.46 万亩，人均 2.97 亩；架设农电线路 510km，县城二期改水工程全面完工，三期改水工程顺利实施；打井建窖 11772 眼（口），新建沼气池 11744 座；新修油路 503km、砂石路 481km，省道 303 线过境路整体改造，完成胜利山、大路沟隧道和二道川口大桥等控制性项目的主体工程。吴延高速公路 2008 年已经破土动工，将极大改善吴起县的交通环境。吴起县"十一五"期间的主要建设项目见表 2.1。

表 2.1　吴起县"十一五"期间的主要建设项目

序号	项目名称	建设性质	建设规模及主要建设内容
1	城防体系建设	新建	建堤防工程 4 处，洪闸涵 13 座，支沟泄洪工程 4 处，拓宽河道 2.5km，修河堤 6.4km
2	县城垃圾处理项目	新建	在康沟新建日处理能力为 65t 的垃圾卫生填埋场一处
3	石油产能建设	新建	新打油井 3400 口
4	勘探井	新建	新打勘探井 125 口，累计米进尺 35 万米
5	注水站	新建	新建 8 个注水采油集中井站及配套工程
6	县城过境路	新建	全长 4.1km、大桥四座，隧道 1 处
7	薛岔-吴仓堡二级路	改建	全长 75km

序号	项目名称	建设性质	建设规模及主要建设内容
8	吴王等三级油路	改新	改建、新建三级油路 7 条，合计 223km
9	陈砭-南沟等乡村油路	新建	新修乡村四级油路 12 条，合计 158km
10	长官庙-白沟四级砂石路	改新	改造、新建乡村四级砂石路 47 条，合计 705km
11	周湾、长城护涧坝	新建	中型淤地坝 5 座，小型护涧坝 50 座
12	丈方台流域坝系	新建	骨干坝 11 座，淤地坝中型 26 座、小型 37 座、加固 2 座
13	黄岔流域坝系	新建	骨干坝 6 座，淤地坝中型 15 座、小型 21 座、加固 3 座
14	印帮子流域坝系	新建	骨干坝 12 座，淤地坝中型 25 座、小型 40 座
15	卧狼沟流域坝系	新建	骨干坝 8 座，淤地坝中型 13 座、小型 19 座
16	齐帮子流域坝系	新建	骨干坝 5 座，淤地坝中型 10 座、小型 20 座
17	大湾流域坝系	新建	骨干坝 3 座，淤地坝中型 5 座、小型 10 座
18	大树梁水库建设	新建	总库容 500 万立方米
19	陡子洼水库建设	新建	总库容 500 万立方米
20	周长灌渠改造	改建	维修泵站 1 处，渠道 12km

由此可见，吴起县经济活动强度较大、人类活动频繁、工程建设项目众多，如果人地不能协调，那么对吴起县的生态破坏也较大，诱发黄土滑坡等地质灾害的可能性也较大，将束缚当地的社会经济发展。

2.2 环境地质现状与地质灾害概况

黄土高原地区是我国生态环境最为脆弱的地区之一，特殊的自然地理和地质环境背景，导致该地区环境地质发育独特。吴起县地处黄土高原，现今地形地貌的形成，是内力地质作用和外力地质作用共同作用的结果。由于第四纪黄土大面积覆盖，使得内力地质作用的诸多痕迹被掩盖，外力地质作用诱发的各种不良地质现象表现得更加明显。外力地质作用的主要类型有风化作用、重力地质作用、地面流水地质作用、地下水地质作用等。由外力地质作用诱发的环境地质问题或不良地质现象主要有滑坡、崩塌、泥石流、水土流失、黄土湿陷、黄土洞穴和黄土裂隙等。在人类活动地区，它们往往造成地质灾害。

吴起县境内的黄土高原梁峁沟壑区，地形起伏大，沟长坡陡，黄土悬崖陡坡多见，进入汛期遇大暴雨或连阴雨，往往诱发产生不同规模的滑坡、崩塌、泥流，其中以滑坡和崩塌为主。县内地质灾害灾情较严重，主要分布于人口集中、工程活动强烈的洛河及其支流头道川、二道川和宁赛川两岸的斜坡地带；泥石流多以洪水泥流的形式出现，一般无典型堆积区。近年来，随着人口增长、人类工程活动加剧，在城镇建设、交通、水利，特别是群众削坡建窑等工程活动中，人为活动诱发的地质灾害事件呈上升趋势。据吴起县地质环境监测站资料，自 1982

年以来共发崩塌、滑坡 28 处，其中崩塌 16 处、滑坡 12 处。地质灾害共造成 54 人死亡，其中因崩塌灾害死亡 43 人，因滑坡灾害死亡 11 人。地质灾害共毁窑 2845 孔，其中，崩塌灾害毁窑 1443 孔，滑坡灾害毁窑 1402 孔。典型地质灾害包括：

（1）1985 年 9 月 7 日至 12 日，县境内连续降雨 6 个昼夜，累计降雨量达 131.5mm，全县普遍受灾。共发生大滑坡 8 处，倒塌窑洞 2792 孔，死亡 14 人，此次灾害是吴起县有记载以来最严重的一次。

（2）王洼子乡寨子湾村李乐沟组村民李某于 1982～1985 年两次在同一位置削坡挖窑，两次发生崩塌，毁窑 5 孔（见图 2.2），幸未造成人员伤亡。第三次又在原址切坡挖窑，2001 年窑壁又发生崩塌。

（3）2002 年 7 月 25 日，石油子校沟高陡黄土切坡在毫无预兆的情况下发生局部崩塌（见图 2.3），规模虽只有 600m³，却造成毁窑 3 孔，死亡 17 人的重大损失。

（4）2007 年 6 月，由于工程削坡导致老滑坡复活，大路沟滑坡（1）严重威胁了省道 303 的安全（见图 2.4）。

（5）2007 年 10 月 17 日 2 时，吴起县薛岔乡贺沟村发生黄土崩塌（见图 2.5），9 人被困，其中 4 人获救、5 人死亡。

（6）2008 年 11 月 30 日上午 9 时许，吴起县新寨乡石台子村村民正在整修村间道路时，突发山体塌方（见图 2.6）。瞬间，7 名村民被黄土埋住，造成 6 死 1 伤。

（7）2009 年 3 月 13 日凌晨 4 时左右，吴起县洛源街道办宗圪堵村杏树沟门后沟发生黄土滑塌（见图 2.7），严重威胁 30 多孔窑洞 100 多人的生命财产安全。

图 2.2　新寨乡李某家被毁窑洞（56°）　　　图 2.3　石油子校沟高陡黄土崩塌（342°）

图2.4 薛岔乡大路沟滑坡(1)(17°)

图2.5 薛岔乡贺沟村黄土崩塌 (69°)

图2.6 新寨乡石台子村黄土崩塌 (17°)

图2.7 洛源街道办杏树沟门滑坡(2)(337°)

综上所述,崩塌造成的地质灾害比较严重,而且致灾前预兆不明显甚至在没有预兆的情况下突然发生。灾害发生的原因除降雨的诱发外,人类不规范的工程活动,也是诱发地质灾害的重要因素。

2.3 以往地质调查工作程度

吴起县区内地质工作始于1893年。1949年以前零星开展了路线地质调查,1950~1969年以大规模石油地质普查为主,并初步开展了煤田地质调查和新生代黄土研究等工作。刘东生、王永焱等对陕西新生界的调查与研究发表和出版了不少论文与专著。

水文地质工作主要在20世纪70年代之后完成。70年代至80年代初,完成区域水文地质普查,主要开展了黄土区1∶200000比例尺区域水文地质普查,编制了陕西省水文地质图;1995年以来,实施了"西北特别找水计划"和"鄂尔多斯盆地地下水勘查"等水文地质项目。

吴起县区内具有代表性的区域工程地质工作,主要包括20世纪80年代完成的《黄河中游区域工程地质》、《陕西省工程地质远景区划》和《陕西黄土工程地质研究》，对区域工程地质条件及不良地质现象作了较系统描述；90 年代之后，围绕原油管输、高速公路、铁路等建设工程，开展了沿线或点上的工程地质初勘和详勘工作。总体来说，区内工程地质工作主要是围绕着城镇与工程建设部署和开展，点上和线上工作较多，面上工作较少，且面上多为小比例尺调查与描述。

区内环境地质与灾害地质工作起步较早，但以水土流失调查与研究为主，随后的城市与工程建设工程地质勘查均不同程度包含地质灾害工作内容。早期有影响的区域地质灾害调查与编图工作包括以省为单元的滑坡、崩塌、泥石流编图等，20 世纪 90 年代的代表性成果以地质灾害调查为主的陕西省 1 ∶ 500000 比例尺区域环境地质调查报告。2007 年开展了吴起县地质灾害调查与区划工作，初步建立了地质灾害群防群测网络体系。1997 年出版的《黄土地区典型滑坡预测预报及减灾对策研究》，以甘肃省天水市为研究区研究了黄土滑坡预测预报的理论与方法。2004 年 12 月，陕西省地质学会提交了《陕北黄土崩塌灾害形成机理及防治对策研究》，对陕北黄土崩塌灾害的特征、成因及其防治对策作了较系统的总结。另外，2000 年以来开展的建设用地地质灾害危险性评估，进行了大量的不同等级的线状或点上的地质灾害危险性评估工作。吴起县区内以往地质研究成果见表 2.2。

表 2.2　吴起县区内地质研究成果

类别	名　　称	比例尺	时　间	完　成　单　位
区域地质	陕北吴起～志丹地质报告	1∶200000	1960 年	西北大学地质系陕北大队二中队
	陕西省地质图及说明书	1∶500000	1980 年	陕西省地矿局区调队
	陕西省区域地质志	1∶1000000	1989 年	陕西省地矿局
	陕西省地质矿产志		1993 年	陕西省地方志编纂委员会
石油地质	陕甘宁盆地石油普查地质成果总结报告		1974 年	陕西省地质局石油普查大队
	吴起地区 1972 年上半年地质研究报告		1972 年	长庆油田指挥部一分部研究所
水文地质	《吴起幅》区域水文地质普查报告	1∶200000	1976 年	中国人民解放军建字 724 部队
	陕北地区区域地质-水文地质测量初步报告	1∶500000	1970 年 3 月	陕西省地质局第一水文地质队
	陕西省水文地质远景区划报告	1∶500000	1983 年 11 月	
	陕西省水文地质图	1∶500000	1979 年	陕西省地质局第二水文地质队
	陕甘宁内蒙古白垩系自流水盆地地下水资源评价报告	1∶500000	1986 年 12 月	内蒙古地质局 104 队等单位

类别	名 称	比例尺	时 间	完成单位
工程地质	陕西省工程地质远景区划报告	1：500000	1985年2月	陕西省地质局第二水文地质队
	陕西省黄土工程地质		1986年1月	
	陕西省工程地质图及说明书	1：1000000	1987年	
	陕西省岩土体工程地质类型图及说明书	1：1000000	1987年	
	黄河中游区域工程地质		1985年11月	
环境地质	延安地区重点滑坡分布图及滑坡报告	1：250000	1993年	陕西省地震局
	陕西省区域环境地质调查报告	1：500000	2000年	陕西省地矿局第二水文地质队
	陕西省滑坡、泥石流分布图	1：200000	1990年	
	陕西省滑坡分布图及说明书	1：750000	1995年	陕西省滑坡工作办公室
	陕西省滑坡灾害预测图及说明书	1：750000	1995年	
	陕西省地质灾害预测及防治	1：750000	1995年	
	中国地质灾害（陕西部分）		2000年	国家发展计划委员会国土司、国土资源部地质环境司
	西气东输工程陕西省段建设用地地质灾害危险性评估报告	1：100000	2001年	陕西省地矿局第二水文地质队
	吴起-洛川输油管道工程地质灾害危险性评估报告	1：50000	2006年	西安地质矿产研究所
	陕西省吴起县地质灾害调查与区划报告	1：100000	2007年	长安大学工程设计研究院

2.4 投入工作量及主要成果

2.4.1 投入的工作量

投入的工作量主要包括以下几个方面：

（1）遥感解译。全区采用Spot5遥感数据解译，面积3791.5km²，解译滑坡、崩塌、不稳定斜坡等自然地质现象点共计981处。

（2）地面调查。野外调查、核查面积3791.5km²，1：10000比例尺工程地质测绘（简测）面积50km²，1：50000比例尺工程地质测绘（正测）面积1550km²，1：50000比例尺地质灾害调查（简测）面积2421.5km²，实际调查点数197处，其中滑坡133处，崩塌53处，不稳定斜坡10处，泥石流1处，地质环境点113处。

（3）地质灾害测绘与山地工程。对14处危害较大的灾害地质体进行了地质测绘（含3处勘查点），完成地质灾害体及典型地层总长度2206.3m。

（4）钻探。通过对全县已调查的滑坡进行分析对比，本次选择吴起县吴起镇政府办公楼后山滑坡（WQ041）和薛岔乡大路沟滑坡（1）（WQ072）进行了详细勘查，共施工钻孔4眼、探井17处，完成总进尺290.5m、土方量123.45m³。同时收集了白豹镇袁和庄不稳定斜坡（WQ074）勘查资料，该边坡由长安大学工程设计研究院于2009年4月完成，共布设了三条勘探线，施钻8孔累计进尺228.0m，挖探井6处累计挖方37.5m³。

主要投入工作量见表2.3。

表2.3　主要投入工作量

工作阶段	工作方法	工作内容		完成工作量	备注
前期准备	资料收集	收集地质灾害形成条件、诱发因素、现状与防治、社会经济等资料		4份	
	设计书	编写设计书（室内遥感初步解译）		1份	
野外调查	遥感调查 Spot5 卫星影像	遥感解译	解译面积/km²	3791.5	
			解译地质点/处	981	
			填写解译卡片/张	610	
	地面调查	调查面积	重点调查区/km²	1550	1:50000 正测
			重点调查区/km²	50	1:10000 简测
			一般调查区/km²	2241.5	1:50000 简测
		调查路线	总长度（条数）/m（条）	28 条	
		观测点	调查点 地质灾害隐患点/处	74	
			灾害地质点/处	123	
			地质环境点/处	113	
		遥感解译核查点/处		610	
	典型地质灾害点测绘	面积测绘	测绘面积（点）/km²（处）	0.889（14）	全站仪
		剖面测绘	典型岩土体结构实测剖面（处）/m（处）	2206.3（14）	绘制草图
			区域岩土结构实测剖面（条）/km（条）	30（1）	绘制草图
	灾害点勘查	钻探	工程地质钻探（孔）/m（孔）	518.5（12）	大路沟滑坡（1）、后山滑坡、袁和庄不稳定斜坡
		山地工程	探井、探槽（井）/m³（井）	160.95（23）	
		野外勘查	工程地质测绘/km²	0.366	
		室内试验	岩土样测试/件	123	
	野外验收	野外验收及野外工作报告/份		1	
	其他	安装裂缝报警器/点		10	
		野外记录本34本，照片1346张，录像约1.5h（原始），记录卡片调查点197张、核查点610张、环境点113张			

2.4.2 取得的主要成果

取得的主要成果包括以下几个方面：

（1）多种调查手段联合运用获得综合地质环境信息。

1）采用点、线、面结合调查形成地质灾害的地质条件，注重地质环境对地质灾害的控制；开展地质条件调查，查明滑坡、崩塌、泥石流发生的地质环境条件、发育特征和分布规律。

2）以遥感调查为先导，并将遥感调查贯穿于详细调查工作的全过程；将"遥感解译—野外核查—再解译"贯穿于详细调查工作全过程，发挥遥感技术优势，获得了常规调查方法难以获取的地质环境条件和地质灾害信息。

3）调查区采用重点调查区与一般调查区相结合的方法，将地质灾害频发、致灾作用强烈、人口密度较大、经济较发达、重要设施及建设工程分布密集的洛河河谷及其一级支流谷地作为重点调查区，其中人口密集城镇或地质灾害严重的工业区等为重点地段调查区。

4）灾害点按野外核查、地面调查、测绘和勘查4个层次开展。野外核查包括遥感解译结果野外核查和已有勘查或调查资料野外核查两个方面。对于已有地质灾害点全面进行实地调查，评价其稳定性和复活的可能性；对于基本具备成灾条件的城市、村镇、居民点、厂矿、重要交通沿线、重要工程设施、重要风景名胜区和重点文物保护点等地段进行排查，调查潜在的滑坡、崩塌、泥石流等地质灾害隐患点；对于危险程度较大的地质灾害，进行大比例尺工程地质测绘，包括平面测绘和剖面测绘，并对重大地质灾害隐患点实施控制性勘查。

（2）结合地质环境条件分析了影响滑坡灾害的主要因素；从宏观、微观两方面阐述黄土剪切破损特征；剖析典型黄土滑坡滑动机理。

（3）查明了地质灾害在时间空间上的规律。地质灾害在空间上具有相对集中和条带状展布的规律，形成高、中、低易发区（带）。在时间域上主要表现为：在地质历史时期，滑坡、崩塌在晚更新世末和全新世初期相对集中；在人类历史时期，滑坡、崩塌在人类活动强烈的时期相对集中；在一年之内，滑坡、崩塌在7~10月份雨季和4月份的融冻期相对集中。

（4）以定性分析为主，定量评价为铺的方法划分滑坡、崩塌易发区和地质灾害危险区。地质灾害高易发区主要分布于城市化建设速度较快，人类工程活动强烈的吴起县城区至吴起镇金佛坪一带，总面积750.5km²，占全县面积的19.8%；地质灾害高危险区主要分布于吴起县城区洛源街道办及薛岔川两岸这两个区域内，总面积约534.9km²，占全县面积的14.11%。

（5）针对人口和人工活动密集的城区（洛源街道办）和经济开发区（吴起镇），开展了1∶10000地质灾害简测调查，划分滑坡、崩塌易发区和地质灾害危险区。

（6）提出了地质灾害防治建议。在调查比较的基础上划分适宜居住区、因地制宜设置应急搬迁新址；完善地质灾害群测群防体系并制定了防治规划，在74处地质灾害隐患点中，需近期防治点16处，中期防治点25处，远期防治点33处；属Ⅰ级防治的21处，Ⅱ级防治的22处，Ⅲ级防治的31处；需避让的54处，工程治理的20处；编制了地质灾害防治规划建议。

（7）按短时间强降雨条件（6h降雨量不小于25mm（$R_{6h} \geqslant 25$mm）；日降雨量不小于50mm（$R_{24h} \geqslant 50$mm）；连续降雨条件（连续三日以上降雨且日降雨量不小于10mm））对可能发生的临界降雨量，按照最高级（Ⅰ）、中级（Ⅱ）、最低级（Ⅲ）三个预警级别，进行了地质灾害气象预警区划。

3　地质环境条件

3.1　地形地貌

吴起县地形地貌的轮廓是中生代早白垩世地壳抬升后形成的,在其后的漫长地质年代中,在内外地质营力的作用下,形成了现今沟壑纵横、梁峁起伏、坡面陡峭、地形残破、陷穴遍坡的黄土峁梁和梁涧地形地貌。

3.1.1　地形

吴起县地处陕北黄土高原中部腹地,毛乌苏沙漠南缘,地势西北高,东南低,由西北向东南倾斜。吴起县在区域地形中的位置如图 3.1 和图 3.2 所示。

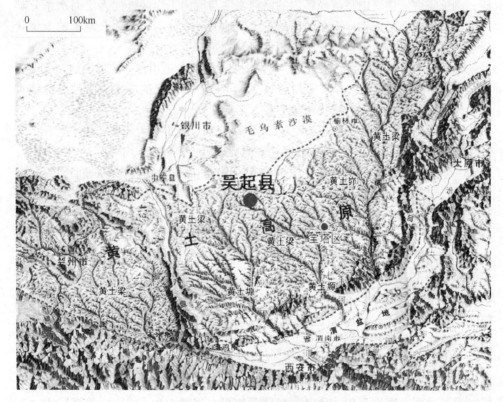

图 3.1　吴起县区域地形略图

(据张茂省等,2005)

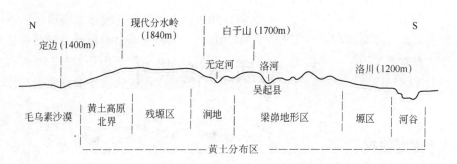

图 3.2　吴起县区域纵向地形变化略图

县内地形海拔在 1233~1809m 之间，白于山近东西向横亘于县境东北部，最高点在东北部白于山（五谷城乡马漱沟村刘天赐组，宁赛川的源头，地理坐标108°30′14″E、37°11′32″N），海拔 1809m；最低点在东南部、近县界洛河（白豹镇土佛寺村马营组，白豹川流入洛河的入口处，地理坐标 108°17′22″E、36°47′13″N），海拔 1233m，相对高差 576m。区内梁峁起伏，沟谷切割较深，地形破碎，沟壑发育。白于山将流经区内的洛河水系与流向工作区外的无定河水系分割开来，二者之间形成走向近东西向的黄土梁地的一级分水岭。地表遍布黄土梁状丘陵和梁涧，其中黄土梁状丘陵面积占全县的 85%。

洛河自北西向南东流经吴起县，洛河主要支流为头道川河、二道川河、三道川河、白豹川河、乱石头河、宁赛川河等，其间黄土梁地又构成次一级的局部分水岭。分水岭之间沟谷呈树枝状密集分布，形成了黄土丘陵沟壑地形（见图 3.1），从分水岭到河谷边坡地带总体坡度为 25°~50°，河岸地带多为陡坡、陡崖地形。

县域内各坡度级地表面积比例差异悬殊，小于 15°和大于 45°的坡度较少；而 15°~45°坡度最为发育。如小于 5°和 5°~10°的面积分别占 6.1%和 5.5%，而 25°~35°和大于 35°的面积分别占 22.6%和 34.2%。在实施退耕还林前小于 5°和 5°~10°耕地面积占耕地总面积的 12.4%、13.4%，而 15°~25°和 25°~35°面积分别占 37.0%、18.2%。再加上吴起县降水相对集中和强度较大，造成干旱、洪水等灾害频繁，水土流失严重。吴起县 3791.5km² 的总土地面积中，退耕前水土流失面积为 3677.70km²，占总面积的 97%（王明春 2005），面状侵蚀 215154ha（占侵蚀总面积的 58.26%），沟状侵蚀 137158ha（占 37.14%），块状侵蚀 8798ha（占 2.22%），陷穴侵蚀 3804ha（占 1.03%），崩塌侵蚀 4986ha（占 1.35%）。

黄土梁峁地带高程 1400~1809m，相对高差 150~200m；沟谷切割较深，梁顶多起伏不平，梁长短不一，多个黄土峁连成连续黄土梁，形成两沟夹山梁的格局。沟谷发育密度为 0.9km/km²。多呈 V 字形，切深 150~200m，梁窄坡陡。

黄土梁涧地带地形高程 1460~1510m，相对高差 50~100m。以厚层黄土披覆的缓梁、宽谷为主要地形特征，黄土梁宽缓多为凸形坡，坡面上有细沟、浅沟发育。深谷河流高程 1233~1400m，主要分布在洛河及主要支流流域。沟谷发育密度为 0.85km/km²，沟谷多呈 U 形，切深 50~100m，斜坡临空面相对较小。

3.1.2 地貌

　　吴起县属陕北黄土高原丘陵沟壑区的白于山脉西端。现代地貌的形成是在地球内动力作用的主导下，经受外动力作用长期塑造的结果。自上新世以来，由于以上升为主的振荡性新构造运动影响，区内反复经受长期的剥蚀、侵蚀、堆积作用，从而形成梁、峁（沟间地）与河、沟、壑（沟谷地）地貌形态组合的相间分布。其地貌形态主要以黄土地貌为代表，黄土地貌为黄土峁、梁、沟、川四种类型。区内地形破碎，谷深坡陡，流水及重力侵蚀动力活跃，形成了梁峁起伏、沟壑纵横的地貌景观（见图 3.3 和图 3.4）。

图 3.3　黄土梁涧地貌（周湾镇）　　　　图 3.4　黄土梁峁沟壑地貌（薛岔乡）

　　按次级地貌单元划分，白于山近东西向横亘于县境北部，将吴起县地貌分为黄土梁峁沟壑和黄土梁涧两个地貌单元。黄土梁峁沟壑构成吴起县境内地貌的主体，黄土梁峁沟壑地貌区可进一步划分为黄土梁峁地貌区、河流沟谷地貌区。依据其成因，可划分为剥蚀~侵蚀地貌、堆积~侵蚀地貌（包括黄土堆积地貌、黄土侵蚀地貌、黄土潜蚀地貌和黄土重力地貌）和河流冲蚀。根据地貌成因类型及形态特征的差异可将本区地貌划分为黄土梁涧地貌区、黄土梁峁地貌区、河流沟谷地貌区三个区（见图 3.5）。各区的地貌特征见表 3.1。

表 3.1　吴起县地貌分区特征

地貌分区	分布区域	面积（比例）/km²（%）	主　要　特　征	成因
黄土梁涧地貌区	白于山以北周湾镇和长城乡的大部分	392.3(10.3)	涧地宽而平坦，现代冲沟不发育。涧地具水平层状结构，涧地与梁过渡段斜坡坡度一般为 20°~25°	剥蚀~侵蚀

续表 3.1

地貌分区	分布区域	面积(比例)/km²(%)	主　要　特　征	成因
黄土梁峁地貌区	白于山以南高度 1500m 以上区域	3138.8(82.7)	梁顶纵坡一般为 3°~5°，向沟道延伸逐渐变陡；沟道边缘可增至 15°~20°。黄土梁大部分辟为梯田，植被稀少，冲刷强烈。黄土峁多圆形或椭圆形，峁间以鞍状黄土梁相连，多呈串珠状展布，方向性不明显	堆积~侵蚀
河流沟谷地貌区	洛河及九大支流流域区域	265.4(7.0)	河流冲洪积作用，在阶地、漫滩分布坡积物、河流堆积物，沟底可见基岩	河流冲蚀
合　计		3791.5		

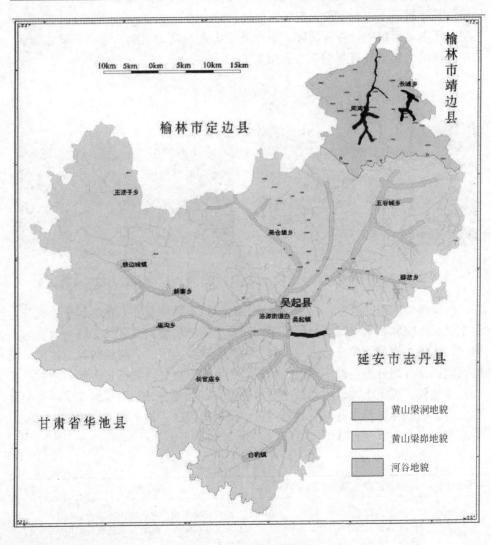

图 3.5　吴起县地貌略图

3.1.2.1 黄土梁涧地貌区

黄土梁涧区位于白于山分水岭北坡包括周湾、长城两个乡镇的大部分地区，皆属此地貌区。地形高程1460～1510m，相对高差50～100m。以厚层黄土披覆的缓梁、宽谷为主要地貌特征。黄土梁宽缓多为凸形坡，坡面上有细沟、浅沟发育。

涧地为老沟谷（距今10万年左右形成）中由黄土堆积成、未经现代沟谷分割的平坦谷地，即黄土涧。涧地被现代沟谷分割（称为破涧），其中面积较大的地块称为坪地，即黄土坪；沿沟呈条状分布的破涧地称为涧地，即黄土涧，有的地方称为壕涧地。从成因上讲，坪地、涧地和壕涧地都是沟阶地，只是尚未完成阶地发育的全过程。

黄土涧简称涧或涧地，它是黄土覆盖古河谷后形成宽浅长条状的谷底平地，与两侧谷坡相连组合成宽浅的凹地。黄土涧是尚未被现代沟谷分割的平坦谷地，宽度一般数百米至几千米，长度可达几十千米，多出现在现代河流向源侵蚀尚未到达的河源区，平面图形常呈树枝状。

涧地平展宽阔，两侧向涧心和下游倾斜，宽数十米至千米，长1000～2000m。涧地分两级：一级涧地平坦，宽500～1000m，涧面高出河床50～80m，由黄土状粉土和粉砂组成；二级涧地零星残存，宽度也仅有数十米至百余米，称为破涧，涧面向主河沟倾斜，由粉土含量为主的黄土组成。破涧涧形状不规则，多呈杖形或掌形。涧地的形态有利于水的汇集，成为黄土地区主要赋水地段。介于涧地之间的黄土梁长达千米，宽70～100m，两侧沟谷呈U形或V形，切深50～100m，沟坡较陡，约40°左右。

3.1.2.2 黄土峁梁地貌区

吴起县境内除周湾、长城两乡镇外的地区，皆为此种地貌景观，基本保留了古地貌的自然特征；高程1400～1809m，相对高差150～200m。这些地区是白于山和子午岭南延部分，约占全县总面积的85%。黄土梁一般宽50～100m，侵蚀强烈地段宽度仅为20～30m，向主沟和两侧沟缓倾或作阶梯状过渡。黄土梁的宽窄、延伸及排列，受地表水网制约。水文网密度大的地段，一般梁窄坡陡，反之，地表水网密度小的地段梁宽坡缓。梁顶纵坡一般为3°～5°，向沟道延伸逐渐变陡；沟道边缘可增至15°～20°。由于黄土梁大部分辟为梯田，植被稀少，冲刷强烈，面蚀和沟蚀处于加速发展阶段，不利于稳定。黄土峁为圆形或椭圆形，峁间以鞍状黄土梁相连，多呈串珠状展布，方向性不明显。黄土峁宽约50～100m，峁顶高程一般为1500～1700m。境内九川（颗颗川、宁赛川、石拐子川、乱石头川、头道川、二道川、三道川、杨青川、白豹川）一河（洛河）支流散布其间，从而形成山大沟深、地形支离破碎、千沟万壑、纵横交错的地貌景观，构成了两沟夹一梁的地貌特征。

　　黄土梁为长条状的黄土丘陵。梁顶倾斜 3°～5°的为斜梁，斜梁坡度向河谷边缘增至 15°～20°。梁顶平坦的为平梁。丘与鞍状交替分布的梁称为峁梁。黄土梁呈长条形，是顶部较平坦的黄土高地，坡度多在 1°～5°。白于山脉梁体宽厚，长度可达数千米至数十千米。

　　黄土峁为沟谷分割的穹状或馒头状黄土丘。峁顶的面积不大，呈明显的穹起，以 3°～10°由中心向四周倾斜，并逐渐过渡为坡度 15°～35°的峁坡，峁顶以下直到谷缘的峁坡面积很大。区内发育连续峁、孤立峁；连续峁大多是河沟流域的分水岭，呈线状延伸，由黄土梁被横向沟谷分割发育演变而成；孤立峁呈散列分布，是由黄土堆积过程中侵蚀形成，或者是受黄土下伏基岩面形态控制生成。两峁之间有地势明显凹下的窄深分水鞍部，当地群众称为"塬"。

3.1.2.3　黄土河流沟谷地貌区

　　黄土沟谷有细沟、浅沟、切沟、悬沟、冲沟、坳沟（干沟）和河沟 7 类。前 4 类是现代侵蚀沟，主要发育在黄土梁峁地区；后两类为古代侵蚀沟，主要发育在黄土沟谷（以洛河及九大支流为主）地区；冲沟有的属于现代侵蚀沟，有的属于古代侵蚀沟，时间的分界线大致是中全新世（距今 3000～7000 年）。

　　细沟深几厘米至 10～20cm，宽十几厘米至几十厘米，纵比降与所在地面坡降一致。大暴雨后，细沟在农耕坡地上密如蛛网，主要分布在梁峁坡面。

　　浅沟深 0.5～1.0m，宽 2～3m。纵比降略大于所在斜坡的坡降，横剖面呈倒人字形，在耕垦历史越久，和坡度与坡长越大的坡面上，浅沟的数目越多。它是由梁、峁坡地水流从分水岭向下坡汇集、侵蚀的结果。

　　切沟深一二米至十多米，宽二三米至数十米；纵比降略小于所在斜坡坡降，横剖面尖呈 V 字形，沟坡和沟床不分，沟头有高 1～3m 陡崖。它是坡面径流集中侵蚀的产物，或者是潜蚀发展而成，多出现在梁、峁坡下部或谷缘线附近，其沟头常与浅沟相连。如果浅沟的汇水面积较小，未能发育为切沟，汇集于浅沟中的水流汇入沟谷地时，常在谷缘线下方陡崖上侵蚀成半圆筒形直立状沟，称为悬沟。

　　冲沟深十多米至 40～50m，宽 20～30m 至百米，长度可达百米以上。纵剖面微向上凸，横剖面呈 V 字形，其谷缘线附近常有切沟或悬沟发育。老冲沟的谷坡上有坡积黄土，沟谷平面形态呈瓶状，沟头接近分水岭；新冲沟无坡积黄土，平面形态为楔形，沟头前进速度较快。大多数冲沟由切沟发展而成，往往与干沟相接。

　　坳沟又称干沟，它和河沟是古代侵蚀沟在现代条件下的侵蚀发展。它们的纵剖面都呈上凹形，横剖面为箱形，谷底有近代流水下切生成的 V 字形沟槽。坳沟和河沟的区别是：前者仅在暴雨期有洪水水流，一般没有沟阶地；后者多数已切入地下水面，沟床有季节性或常年性流水，有沟阶地断续分布，洛河及主要支流都属于干沟。

黄土坪（川）是黄土在谷地沉积而成的小片平坦地面，分布在黄土高原河流两侧的平坦阶地面或平台，有些黄土坪是黄土梁峁区河流的阶地，沿谷坡层层分布。另一些是由于现代侵蚀沟的发展使黄土涧遭到切割而残留的局部条带状平坦地面。黄土地区的河流阶地，每一级平台的下方有明显的陡坡，平台面向河流轴部方向倾斜。

3.1.2.4 黄土微地貌

黄土微地貌主要指黄土潜蚀（冲蚀、淘蚀、侵蚀）地貌，是流水由地面径流沿着黄土中的裂隙和孔隙下渗进行潜蚀，破坏了黄土的原有结构或使土粒流失、产生洞穴，受重力等作用最后引起地面崩塌（漏空）所形成（见图3.6）。

(a)　　　　　　　　　　　　　(b)

(c)　　　　　　　　　　　　　(d)

图3.6　黄土微地貌

（a）黄土柱（新寨乡）；（b）黄土柱（铁边城镇）；（c）黄土桥（五谷城乡）；（d）黄土陷穴（薛岔乡）

黄土碟，为湿陷性黄土区碟形洼地。由流水下渗侵蚀黄土，在重力的影响下土层逐渐压实，引起地面沉陷而成。形状为圆形或椭圆形，深约数米，直径10～20m，常形成于平缓的地面上。

　　黄土陷穴，为黄土区漏陷溶洞，是黄土区地表出露的一种圆形或椭圆形洼地，由地表水和地下水沿黄土垂直节理进行侵（潜）蚀、把可溶性盐类带走、下部黄土层被水流蚀空、表层黄土发生坍陷和湿陷而成，多分布在地表水容易汇集的沟间地边缘、谷坡坡折的上方、冲沟中跌水和沟头陡崖的上方，常呈串珠状分布谷坡，深度大的称为黄土井。根据形态分为 3 种：

　　（1）漏斗状陷穴，口大底小，深度不超过 10m。

　　（2）竖井状陷穴，呈井状，深度可超过 20～30m。

　　（3）串珠状陷穴，几个陷穴连续分布成串珠状，各陷穴的底部常有孔道相通。它与黄土碟不同，各种陷穴都有地下排水道和出水口。

　　两个或几个陷穴由地下通道不断扩大，使通道上方的土体不断塌落，未崩塌的残留土体形如桥梁，称为黄土桥。

　　黄土柱为黄土沟边的柱状残留土体。由流水不断地沿黄土垂直节理进行侵蚀和潜蚀以及黄土的崩塌作用形成，有圆柱状、尖塔形，高度一般为几米到十几米。

3.2　气候水文

3.2.1　气候

　　吴起县地处中纬度，属半干旱温带大陆性季风气候区，雨量偏小，气候干旱，四季分明。春季干旱多风，夏季旱涝相间，秋季温凉湿润，冬季寒冷干燥。

　　3.2.1.1　降水

　　县内降水量受地理位置、大气环流、地貌等因素影响，各区存在一定差异。根据吴起县金佛坪气象站 20 世纪 70 年代以来资料，吴起县年平均气温 7.8℃，1 月份最冷（平均气温 -7.8℃），7 月份最热（平均气温 21.6℃）；极端最低气温 -25.1℃，无霜期 146 天，最大冻土深度 0.95m。降水量年际变化较大，年内分配极不均衡。

　　受自然地理、地形地貌影响，降水量具有较明显的地理分带性。总体趋势是东南多，西北少，从东南向西北呈递减趋势，但变化幅度小。

　　由于吴起县位于西北内陆高原，东南季风影响较弱，成为延安市的少雨中心，多年平均降水量仅 478.3mm，而且时空分布差异较大。

　　降水量区域分布特征具体如下：

　　（1）降水相对集中。七、八、九三个月降水量为 301.7mm，约占全年 62.4%，其余九个月降水量仅为年总量的 38%（见图 3.7）。

　　（2）年际变化大。1985 年降水量为 38 年来观测最大值，达 631.4mm，而 1987 年全年降水量仅为 270mm，相差 2.3 倍（见图 3.8）。

　　（3）多年降水量变化曲线显示，降水量变化具有一定周期性，一般小周期

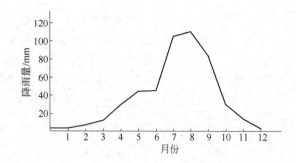

图 3.7 吴起县多年平均降水量年内分配曲线

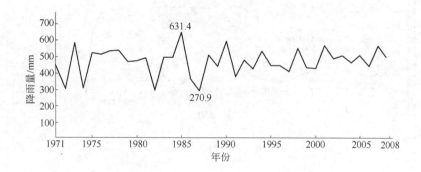

图 3.8 吴起县多年（1971～2008 年）降水量曲线

约为 4～5 年，大周期变化约在 12 年左右（见图 3.8）。

（4）同期降水量在空间分布上差异明显，总的趋势由北而南，自西向东，随地势的降低有增加的趋势。如西部和北部铁边城、王洼子、周湾、长城等乡镇，降水量多小于 400mm，而同期中南部吴起、白豹两镇降水量则为 450～483.4mm。吴起县年降水量分布如图 3.9 所示。

1971～2008 年，吴起县境内日降水量 50mm 以上的暴雨共出现 40 次，年平均 1.2 次。7 月份最多，共出现 17 次，频率为 42.5%。总的来看，境内暴雨年平均频率不高，但强度较大，如 1972 年 8 月 17 日王洼子乡日降水量为 107.4mm，1977 年 7 月 5 日白豹镇日降水量为 149.7mm，一天的降雨量接近一年的 1/3。1969～2008 年，县境内日降水 100mm 以上的暴雨除一次发生在西部王洼子乡外，其余三次都发生在中南部。

1971～2008 年，境内共出现连阴雨 26 次，其中出现概率为一次的 14 年、二次的 3 年。连阴雨多发生在 8～10 月份，发生频率约占 80%，此时也是地质灾害高发期。

县内蒸发度在白于山两侧有所不同，北部高、南部低，大体变化于 1200～

图3.9　吴起县年降水量分布图

2000mm 之间。

3.2.1.2　气温及其他

吴起县气温区域性差异较明显，季节性气温差异大，昼夜温差较大。气温由地势较低的东南部向地势较高的西北逐渐降低，符合气温的高程分布规律。年平均气温为 10.6℃，极端最高气温 39℃（1978 年），极端最低气温 −21℃（1971年）。冬季严寒期达 50～70 天，平均气温在 −8℃ 以下，形成季节性冻土，一般11 月下旬开始冻结，平均最大冻结深度 93cm，次年 4 月初开始解冻，此时为黄土崩塌、滑坡灾害的易发期。

吴起县年平均风速 1.3m/s，最大风速 2m/s。年平均降水量 465.1mm，蒸发量为 1541.7mm，为降雨量的 3 倍，相对湿度 56%。

3.2.2 水文特征

县域内河流均属黄河水系，干流深切，支流密布，吴起县水系平面分布如图 3.10 所示。流域面积 $1km^2$ 以上的河流、沟溪有 636 条，其中流域面积 $1\sim10km^2$ 的河流、沟溪有 516 条，$10\sim50km^2$ 的有 93 条，$50\sim100km^2$ 的有 33 条，$100km^2$ 以上的 10 条，总长 3255.96km，河网密度 $0.86km/km^2$。根据水文资料，吴起县多年地表径流量为 $1.3576\times10^8m^3$，地下水多年平均天然补给量为 $0.5438\times10^8m^3$，水资源总量 $1.9014\times10^8m^3$。以白于山为界可分为两大流域，白于山以北属无定河流域，白于山以南属洛河流域。

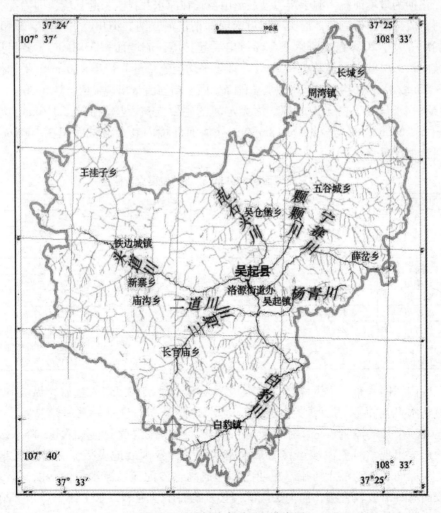

图 3.10　吴起县水系平面分布图

　　无定河仅有其源头石拐子川、八里庄沟、麻子沟等支沟位于县境内，河网密度 $0.58km/km^2$，流域总面积 $410.5km^2$，多年平均径流总量 $0.1800 \times 10^8 m^3$，流速 $0.57m^3/s$，对境内水文网的总体格局影响不大。

　　洛河为黄河的二级支流，是境内地表水文网的主体，境内绝大部分支流皆纳入其中。洛河流域在境内河网密度大，支毛沟呈树枝状展布，汇水面积大于 $1km^2$ 以上的沟谷密度达 $0.9km/km^2$。沟峁相对高差 $120 \sim 567m$，支流沟道平均纵坡降在 $2.5‰ \sim 9.13‰$ 之间。除支毛沟外，大都切入基岩。境内河流流量小，含砂量普遍很高，据金佛坪站 $1963 \sim 1967$ 年、$1969 \sim 1970$ 年和吴起站 $1980 \sim 2003$ 年的观测，侵蚀模数最高达 $1.84 \times 10^4 t/km^2$，一般暴雨后短期内即形成高浓度的泥石流，多酿成灾害。

　　洛河为过境河流，源于定边县王盘山乡，在凉水井村入吴起县境，即为乱石头川河，流至洛源街道办，汇头道川后南流即谓洛河，纳二道川、三道川、颗颗川、白豹川等大小 20 多条支流后至金汤村出吴起县境，流域面积 $3388km^2$（吴起县内流域面积 $938.8km^2$，流程 $150.5km$），多年平均径流总量 $1.1776 \times 10^8 m^3$，平均径流量 $3.73m^3/s$，1966 年 7 月 26 日全县普降暴雨，洛河流量出现极值，达 $5930m^3/s$。

　　石拐子川源于白于山北麓，为无定河的主要支流，境内流长 $23.6km$，流域面积 $201.9km^2$，平均径流量 $0.2m^3/s$，除洛河外境内其余流域面积在 $100km^2$ 以上河流概况见表 3.2。

表 3.2　流域面积 $100km^2$ 以上的主要支流概况

河流名称	长度/km	流域面积/km²	平均流量/m³·s⁻¹	说　明
头道川	83.4	1578.0	0.54	洛河源头
二道川	47.9	374.7	0.3	汇入洛河
三道川	34.0	262	0.09	汇入洛河
乱石头川	55.0	942	0.32	汇入洛河
颗颗川	35.4	193	0.07	汇入乱石头川
宁赛川	47.6	529.2	0.18	汇入洛河
薛岔川	16.0	106.5	0.04	汇入宁赛川
杨青川	24.5	132.5	0.05	部分在志丹县
白豹川	36.5	405.3	0.125	源于甘肃省华池县
石拐子川	23.6	201.9	0.20	流入无定河

　　区内河网密布，干流深切，冲沟极为发育，河床大多切入基岩，纵坡降大，河流枯水期与洪水期流量差异悬殊，河水含砂量高，且具暴涨暴落特征。七、八、九三个月的流量占全年径流量的 62.4%。由于区内黄土堆积深厚，降水多以暴雨形式出现，河流泥沙运移与暴雨密切相关，暴雨后地表径流夹带着大量泥沙，从坡面和支沟汇入河流，短期内即形成高含沙泥流，流水侵蚀活跃，谷坡、沟坡崩塌、滑坡较普遍，而沟头溯源侵蚀及沟谷下切强烈，水土流失严重。境内径流以降水补给为主，地下水补给为辅。

3.3 地层岩性

吴起县境内地表广为第四系中、上更统黄土所披覆，由于黄土堆积厚度大，前第四系地层仅在深切沟谷和陡峻梁峁斜坡下部有所出露，地层序列及岩性组合特征见表3.3，典型地层如图3.11所示。地层岩性特征由老至新分述如下：

（1）白垩系下统环河-华池组（K_1h）。境内仅出露该组上部地层，水平中厚层状，岩性为紫红色砂岩，棕红色砂质泥岩、蓝色泥岩的不等厚互层（砂泥岩比约2:1）。砂岩为钙质、泥质胶结，单层厚0.5~1m；泥岩多为钙质胶结，小型交错层理发育，单层厚0.1~0.3m；夹灰黄色泥岩、褐黄色砂质页岩。由于地层软硬相间，含泥量高，强度较低，易软化。资料显示该层厚度超过300m。广泛出露于深切沟谷底部和梁峁陡峻斜坡下部，可见厚度5~30m。

资料显示下伏基岩为侏罗系（安定组、直罗组和富县组）砂岩、三叠系（延长群、纸坊组、刘家沟组）砂岩（其中上统延长（群）组厚度超过1000m，是吴起地区主要的储油层）等。

表3.3 可见地层综合柱状剖面特征

界	系	统	阶/组	符号	柱状图(示意)	厚度	岩性描述
新生界	第四系	全新统		Q_h	(1)(2)	(1) 5~10m (2) 0~5m	（1）全新世黄土，浅黄色、土体松散，大部分耕织，局部坡积黄土状土或冲洪积堆积物；（2）全新世冲洪积砂卵石层，多分布在洛河及主要支流河床，局部发育阶地具二元结构
		上更新统	马兰阶	Q_{P_3}	(1)(2)	(1) 10~35m (2) 2~5m	（1）风积黄土（马兰黄土），黄色、浅黄色粉土、粉质黏土，广泛分布于梁峁顶部及谷坡地带；（2）冲积层，下部为灰、褐黄色砂石卵石，上部为灰黄色黄土状粉土、粉质黏土，分布于各沟谷及冲沟边岸，局部发育阶地具二元结构
		中更新统	离石阶	Q_{P_2}	(1)(2)	(1) 30~50m (2) 5~10m	（1）风积黄土（离石黄土），褐黄色、棕黄色粉质黏土，含多层古土壤，广泛分布于梁峁地区，一般多于沟谷岸边及局部梁峁地区出露；（2）冲积层，下部为灰白色、褐黄色砂、砂卵石，上部为褐黄色、棕黄色黄土状土，分布于河流高阶地，具典型二元结构
		下更新统		Q_{P_1}	(1)(2)	(1) 15~50m (2) 5~50m	（1）风积黄土（午城黄土），褐黄色、棕黄色粉质黏土，含多层古土壤，吴起县内未见；（2）湖相沉积粉质黏土层，上部青灰色、灰白色、灰绿色泥质~粉砂质黏土，混有棕红、棕黄色黄土质沉积物；下部棕黄、浅棕红色黏土、粉质黏土，含白色钙质颗粒
	新近系	上新统	保德组	N_2		5~50m	棕红色黏土，密实，夹钙质结核，出露于河流、冲沟中上游和分水岭地带
中生界	白垩系	下统	环河组	K_1h		300m	紫红色砂岩，水平中厚层状，夹灰黄色泥岩、褐黄色砂质页岩，广泛出露于河流、冲沟中下游地带（侏罗系上统延长群组是吴起县主要储油地层）

图 3.11　典型地层剖面（五谷城乡）

（2）新近系上新统（N_2）。岩性为含砂质的黏土，紫红色-棕红色、半胶结、强度低、易泥化、密实，夹钙质结核。覆于区内分布的一切老地层之上，后期多遭侵蚀，厚度一般 5～30m，出露于河流、冲沟中上游和分水岭地带，局部地段如五谷城四河堡附近出露厚度近 50m。整体分布东部厚度大于西部（见图 3.12）。

（3）第四系（Q_p）。

1）下更新统（$Q_{p_1}^{eol}$）。风成黄土，褐黄色、褐红色，粉质黏土，含多层古土壤，分布于梁峁地区，厚度 35m 左右。

2）中更新统（$Q_{p_2}^{al}$、$Q_{p_2}^{eol}$）。主要包括冲积层和风成离石黄土。

冲积层（$Q_{p_2}^{al}$）沿河床展布，主要由长石砂岩、泥岩、钙质结核等组成；下部为灰白、褐黄色砂、砂卵石，上部为褐黄色、棕黄色黄土状土，厚 5～10m；分布于河流高阶地，具典型二元结构。

风成离石黄土（$Q_{p_2}^{eol}$），褐黄色、褐色，粉质黏土为主。含多层古土壤和少量钙质结核，垂直节理较发育，厚度 50m 左右；广泛分布于梁峁地区，一般多见于沟谷岸边及局部梁峁地区出露。

3）上更新统（$Q_{p_3}^{al}$、$Q_{p_3}^{eol}$）。主要包括冲积层和风成黄土（马兰黄土）。

冲积层（$Q_{p_3}^{al}$）沿冲沟分布，主要由长石砂岩、泥岩、页岩、钙质结核等组

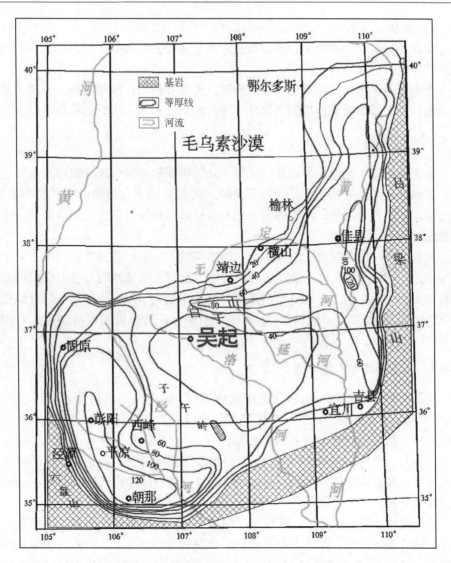

图 3.12　吴起及周边地区红黏土（N_2）分布厚度图

（据西北大学）

成；下部为灰、褐黄色砂卵石，上部为灰黄色黄土状粉土、粉质黏土，分布于各沟谷及冲沟边岸，局部发育阶地具二元结构。

风成黄土（马兰黄土 $Q_{P_3}^{eol}$），黄灰色、黄色、浅黄色，岩性为黄土质粉土、粉质黏土，砂质含量高，垂直节理发育，土质疏松，厚 10～35m。多披覆于梁峁顶部及其斜坡上。

在白于山北坡涧地中有次黄土分布，具薄层理夹砂层。由于上更新统黄土是披覆在梁峁及其斜坡上，与下伏老黄土界线不易准确划分。

4）全新统（Q_h）。主要包括冲积层和全新统黄土状土。

全新世冲洪积砂卵石土，多分布在洛河及主要支流河床，局部发育阶地具二元结构。

全新统黄土状土，浅黄色、土体松散，大部分耕织；局部坡积黄土状土或冲洪积堆积土，重力地质作用的产物分布在自然斜坡和人工边坡的坡脚附近。

3.4 地质构造

在大地构造单元上，吴起县地区属华北陆块鄂尔多斯台地（也称陕北构造盆地）的陕北斜坡，在构造上是一个台向斜。吴起县处于台向斜的单斜翘曲地带。区内地质构造相对简单，结构稳定，无大型褶皱和断裂构造，长期以来是一个比较稳定的地区。

吴起县为一向西缓倾的单斜构造，地层倾角 1°～3°。构造变形轻微，未发现断层构造。构造变形程度，随地层时代的由老至新而明显减弱。境内仅见两组共轭裂隙发育，第一组走向 NNE 与 NWW，第二组走向 NNW 与 NEE，裂隙倾角一般 70°左右，发育密度一般为 1～2 条/m，裂隙多闭合，近东西向裂隙见有微小张开。

3.4.1 构造格局与岩层节理

吴起县地处华北陆块鄂尔多斯地块中部（见图 3.13），属岩石圈厚度最大（大于 200km）的地区之一，工作区及相邻地区除在二叠纪末和三叠纪末遭受区域隆升外，始终保持着稳定沉积盆地特征，无显著构造作用改造。褶皱构造总体表现为轴向近南北的大型宽缓向斜，次级褶皱以短轴背斜、鼻状背斜等平缓拱形隆起为主；断裂构造不发育，地球物理资料显示调查区存在两组北东向、一组北西向隐伏断裂。

陕北斜坡基岩起伏甚小，沉积盖层倾角平缓。晚元古代及早古生代早期为隆起区，没有接受沉积，仅在中晚寒武世、早奥陶世沉积了总厚 500～1000m 的海相地层。吴起-定边-庆阳为古隆起区，沉积厚度 250m。晚古生代以后接受陆相沉积。陕北斜坡主要形成于早白垩世，呈向西倾斜的平缓单斜，平均坡降为 10m/km，倾角不到 1°，该斜坡占据着盆地中部的广大范围，以发育鼻状构造为主。

第四纪黄土中节理十分发育。一般在未变形的斜坡地带，黄土原生节理发育，节理间距几十厘米至两米，将黄土切割成直立的棱体或柱状体（见图 3.14 和图 3.15），节理面一般粗糙，沿走向多呈锯齿状，剖面上节理面较为平直，节理的发育受土体性质制约，马兰黄土中的节理一般密集，离石黄土中的节理一般稀疏。在变形斜坡地带，土体扰动明显，黄土构造节理十分发育，一般成群按一定方向分布、力学性质清楚（挤压型、压扭型、张型、张扭型）具有区域性特征、贯通性较强（不受土体性质限制）。

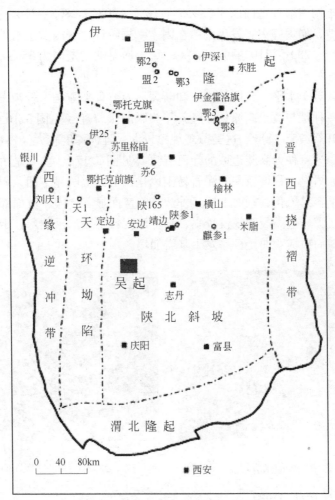

图 3.13 鄂尔多斯地区构造单元划分图

（据西北大学）

图 3.14 黄土构造节理（吴仓堡乡）　　　图 3.15 黄土构造节理（五谷城乡）

区内黄土构造节理走向以 35°~55°、165°~205°、280°~310°为主，这些节理是导致滑坡、崩塌等灾害发生的潜在因素。据统计，区内黄土滑坡多数与走向为 165°~205°、280°~310°的节理有关；黄土崩塌则与走向为 35°~55°、165°~205°的节理有关。

基岩产状近于水平，无明显褶皱和断裂，而节理裂隙构造较为发育，主要有两种类型。一种是与黄土高原整体隆升相关联的张节理（见图 3.16），产状多集中在 65°~110°∠75°~88°，这类节理规模较大，延伸深度较大（多数大于 5m），节理面粗糙；另一种为高陡边坡的卸荷裂隙（见图 3.17），主要是由于岩石差异风化所引起，耐风化程度较差的泥岩易于风化，剖面上明显下凹，而耐风化程度较高的砂岩不容易风化，剖面上明显外凸，临空面显著增大，坡面部分的砂岩极易发育卸荷裂隙，这类裂隙规模较小，延伸深度数十厘米至数米，走向多数与坡面平行，裂隙面粗糙弯曲，极易发生基岩崩塌。

图 3.16　砂岩中发育的张节理（吴起镇）　　图 3.17　砂岩中发育的卸荷节理(洛源街道办)

3.4.2　新构造运动与地震

新构造运动整体表现为间歇性缓慢抬升，以面状风化剥蚀、河谷不断下切为主要特征，这种间歇性抬升伴随河流下切，沿大河形成三级或四级阶地。在地貌构造上，表现为残塬、梁、峁和河、沟、壑相间分布，形成沟壑纵横、河谷深切、梁峁起伏、沟坡陡峻的地貌特征，也为崩塌、滑坡、泥石流的发生提供了地形地貌条件。

陕北黄土高原在新构造运动期间整体表现为间歇性缓慢抬升，中、新生代地壳垂直形变不明显（见图 3.18），褶皱、断裂不发育，地震活动水平低。吴起县地处陕北黄土高原腹地，地壳变形速率在 1~2mm/a 之间，地壳比较稳定，无 4 级以上地震发生，地震动峰值加速度为 0.05g。据历史记载：公元966 年横山曾发生过 5~6 级地震，1448 年、1472 年榆林曾发生过两次 5 级地震，1621 年府谷曾发生过 5 级地震，1591 年延长曾发生过 5 级地震，以后再

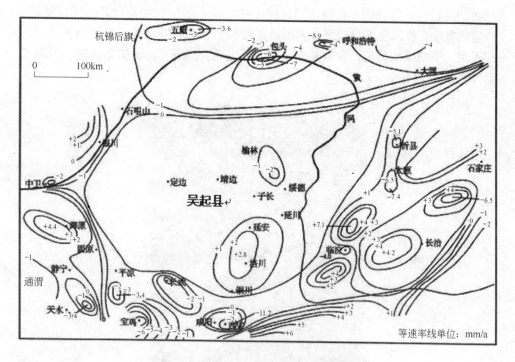

图 3.18 陕甘宁台坳及周边地壳垂直变形速率图

(据《中国的第四系》,1988 年)

未发生过 4 级以上地震,小震也很少发生。有记载的 14 次 5 级以上的地震分布大体呈北东-南西向。邻近省区虽发生过大震,但由于地块边界的阻隔,对本区影响不大。

吴起县境内从晚白垩世开始缓慢上升,新近纪晚期局部相对沉降,沉积了不厚的新新近系地层。新近纪末继续抬升剥蚀。第四纪以来,由于持续上升,河流溯源侵蚀和不断下切,形成现今沟壑密布、地形支离破碎的地貌景观。

根据国家标准《中国地震动参数区划图》(GB 18306—2008 修订)和《陕西省工程抗震设防烈度图》,吴起县地震基本烈度为 5 度,地震动峰值加速度 $a = 0.05g$,反应谱特征周期 $T = 0.40s$。

3.5 岩土体类型及特征

吴起县境内按岩石强度、岩体结构类型及工程地质特征,将岩土体分为 4 类,即软硬相间层状碎屑岩、密实红黏土、风积黄土和冲洪积砂卵石土。

3.5.1 软硬相间层状碎屑岩

砂岩与泥岩不等厚互层叠置(见图 3.19),砂岩层厚,泥、页岩层薄,软硬相间。泥岩、页岩质软，易风化和软化，在坡面上多向内凹进，甚至形成负坡。砂岩较坚硬，抗风化能力较强，多形成正坡地形，因而坡面地形多凹凸不平，局部因泥、页岩风化剥落，砂岩悬空探出，形成危岩、危石，促使基岩边坡坍塌变形（见图 3.17）。

图 3.19　砂岩与泥岩、页岩互层

3.5.2　密实红黏土

红黏土（见图 3.20），即新近系上新统三趾马红土，含砂和钙核，下部砂含

图 3.20　薛岔川中发育的红黏土（N_2）

量明显增加。钙核局部集中形成薄的钙板。黏土干时较硬,易风化剥落。黏土在水的浸润下易软化甚至泥化,抗滑能力明显降低,上覆土层沿红黏土的顶面易产生滑动。吴起县境内某些大型滑坡的形成,皆因于此。红黏土一般出露于本区西部河流岸边及冲沟中,其下部为砂砾岩,呈半固结状态。由东向西出露面积逐渐增大。

红黏土层厚度变化较大,一般为 5~50m(在五谷城四合堡村红黏土厚度最大),底部与砂砾岩呈不整合接触。可塑、坚硬,压缩系数(a_{1-2})为0.17~0.29MPa^{-1},平均值为 0.22MPa^{-1},低压缩-中等压缩。颗粒组成以粉粒和黏粒为主,天然状态下呈坚硬、硬塑状态。一般高于地下潜水位,含水量偏低,属于低压缩性土,渗透性差,为区域隔水层,沿上覆黄土层及其接触面常有地下水溢出。天然状态下强度较高,遇水力学强度显著降低,由硬塑逐渐变为软塑甚至流塑状态,形成软弱结构面,导致斜坡体沿黄土与红黏土层接触面形成滑坡。

3.5.3 风积黄土

黄土在区内广泛分布,土体厚度 20~150m 不等,以粉粒组分为主,粉粒含量一般约60%左右,局部含砂;夹有多层古土壤层与钙质结核。

黄土由两部分组成:上部 5~20m 为上更新统黄土,其下为中下更新统黄土。上更新统黄土(马兰黄土),成分以粉土为主,粉砂质含量较高、黏土颗粒含量很低,多见大孔隙,垂直节理和孔隙发育,结构疏松,土颗粒间联结力弱,土质疏松,手捻即碎,强度低,根据本次调查取样测试,天然土抗剪强度 $C=15.3~21.5kPa$,内摩擦角 $\varphi=19.6°~23.6°$;饱和土抗剪强度内聚力 $C=5.3~8.4kPa$,内摩擦角 $\varphi=12.7°~13.6°$;自重湿陷系数 $\delta_{ZS}=0.003~0.041$,湿陷系数 $\delta_S=0.058~0.084$,具较强湿陷性。人工边坡稳定性差,易产生崩塌等地质灾害。下部中下更新统黄土成分以黄土质粉土为主,黏粒含量较上部黄土明显增加。具大孔隙,土质较密实、坚硬。天然土抗剪强度内聚力 $C=41.4~44.5kPa$,内摩擦角 $\varphi=21.7°~26.3°$;饱和土抗剪强度内聚力 $C=9.2~9.4kPa$,内摩擦角 $\varphi=13.8°~14.2°$,饱和土的抗剪强度明显降低;湿陷系数 $\delta_S=0.013$,不具湿陷性。厚50m 左右。中上更新统黄土,抗冲刷能力差,多形成水蚀沟槽及陷穴,落水洞,是区内主要的致灾地层。岩土体工程地质特征见表3.4。

黄土在干燥情况下,强度较高,直立性好,而浸水时则易发生湿陷变形及崩解,抗剪强度大幅度降低。黄土中的垂直节理、马兰黄土层与离石黄土层接触带和含水层段是斜坡变形的主要软弱结构面。马兰黄土的物理力学性质及软弱结构面与其滑坡、崩塌灾害发育密切相关。

表 3.4   岩土体工程地质特征

岩土体类型	岩类	结构类型	岩性及主要工程地质特征	分布范围
岩体	软硬相间碎屑岩	层状	砂岩与泥岩不等厚互层，砂岩与泥岩厚度比约为 2∶1。砂岩较坚硬，单层厚 0.5~1.0m，分布稳定，泥岩厚度变化较大或为透镜体状	多分布在大沟底部或高陡梁峁斜坡下部，可见厚度 5~30m
土体	红色黏土	厚层状或块状	紫红黏土干时较硬，含砂及钙核，下部含砂量明显增加，钙核密集形成钙板，黏土遇水易软化或泥化，沿其顶面往往形成滑坡	仅在大沟沟头部位零星出露，厚度一般为 5~30m，局部厚度近 50m
	黄土	块状	上部为上更新统黄土厚 5~20m，成分以粉土为主，垂直节理较发育，具大孔隙，疏松。发育古土壤；天然土抗剪强度内聚力 $C = 15.3~21.5\text{kPa}$、内摩擦角 $\varphi = 19.6°~23.6°$；饱和土抗剪强度内聚力 $C = 5.3~8.4\text{kPa}$、内摩擦角 $\varphi = 12.7°~13.6°$；湿陷系数 $\delta_s = 0.058~0.084$，自重湿陷系数 $\delta_{zs} = 0.003~0.041$，具较强湿陷性 下部中更新统黄土，成分以黄土质粉土为主，具大孔隙，垂直节理发育，土质较密实。天然土抗剪强度内聚力 $C = 41.4~44.5\text{kPa}$、内摩擦角 $\varphi = 21.7°~26.3°$；饱和土抗剪强度内聚力 $C = 9.2~9.4\text{kPa}$、内摩擦角 $\varphi = 13.8°~14.2°$；湿陷系数 $\delta_{zs} = 0.013$，不具湿陷性。厚 50m 左右	遍布全区

    黄土中发育节理，其中构造节理多呈 X 形，黄土陷穴、洞穴、黄土桥等主要是沿此裂隙发育，也影响着侵蚀沟谷的发生和发展方向。黄土滑坡上发育的节理面较为光滑，常沿滑坡体滑动方向发育，也有内倾和垂直发育的。在滑坡体剖面上可见到，由后缘到前部依次发育内倾、垂直和顺坡向的节理。黄土风化节理主要是由垂直节理和构造节理经风化作用张开、加宽和扩宽而形成的；若因水冻结胀裂等作用而风化，则多呈柱状或碎块状；若因昼夜温差变化作用，则形成板片或不规则的扁平小块。黄土风化节理方位没有规律性，其密度由表面向土体深处较为快速地减小，坡体常有剥落、掉土现象，甚至发生崩塌灾害。这些节理是导致黄土滑坡崩塌等地质灾害发生的潜在地质因素。黄土中发育的斜节理和 X 节理如图 3.21 和图 3.22 所示。

3.5.4   冲洪积砂卵石土

    冲洪积砂卵石土，含砾石，在河谷两岸断续分布，是河流冲洪积而成的砂、

图 3.21　黄土中发育的斜节理（倾向坡外）　　　图 3.22　黄土中发育的 X 节理

卵石、黄土状土和黏性土。砂卵石土常为单层结构或二元结构，厚度一般数米，形成河谷阶地，多为基座阶地，工程地质性质较好，城镇大部分建筑物建设于此类土体之上。

3.6　水文地质

吴起县境内地下水主要有第四系松散层孔隙水、孔隙裂隙水和白垩系基岩裂隙水三种类型，具体如下：

（1）第四系松散层孔隙水。主要赋存在大的河道沟谷的一级阶地堆积物中，由于区内阶地发育较差，又多为基座阶地，堆积层厚度小，一般 10m 左右。一般大河冲沟多切入基岩，阶地很少见泉水出露，富水性差。

（2）黄土孔隙裂隙水。此类含水层分涧地堆积物和黄土两种类型，涧地堆积层地下水多分布于白于山以北，富水程度取决于堆积物物质组成，如 1975 年 9～10 月份七二四部队在周湾施工的 Z20 号孔涧地堆积的黏质砂土厚 73.40m，与下白垩系砂岩混合抽水降深 33.0m，涌水量仅为 1.184L/s，究其原因是由于所夹淤泥质土阻隔了降水下渗补给，说明在有利地形条件下，堆积物物质成分不利于降水的下渗补给，地下水也难以富集。

广泛分布全区的第四系中更新统黄土多分布于狭窄的梁峁上，植被不发育，两侧谷坡陡峻，大气降水多形成地表径流泻于沟道，不利于下渗补给，黄土谷坡上也鲜有泉水出露，富水性差。

（3）白垩系下统砂岩裂隙水。由于基岩在区内倾斜平缓，近于水平，下白垩系地层中砂岩、泥岩互层叠置，裂隙稀疏，且很少张开，补给条件差，因而基岩裂隙水也难于富集，一般所见的基岩裂隙泉流量估测多在 0.1L/s 左右。据前人水文地质勘探孔资料，地下水水化学类型为 $SO_4 \cdot HCO_3—Na \cdot Mg$ 或 $SO_4 \cdot Cl—Na \cdot Mg$ 型水，矿化度 1.5～2.6g/L。

　　区内地下水主要接受大气降水补给，深部基岩裂隙水局部有侧向地下径流补给。地下水主要以泉和小片渗水形式向临近沟谷排泄。大多数冲沟之所以枯水季节尚有涓涓细流皆源于此，故沟水的水化学特征（见表3.5）与基岩裂隙水几乎一致。

表 3.5　吴起县地表水化学测定结果（据西北大学）

采样地点	水源	pH 值	总硬度（德国）	硬化度/g·L⁻¹	采样地点	水源	pH 值	总硬度（德国）	硬化度/g·L⁻¹
白豹吴河沟	坝水	8.45	7.32	0.34	杨青川	河水	8.67	26.2	0.94
周湾水库	库水	8.52	23.41	1.08	洛　河	河水	8.58	47.26	2.41
二道川	河水	8.90	27.39	1.27	乱石头川	河水	8.82	46.56	2.08
三道川	河水	8.73	41.64	1.70	头道川	河水	8.78	68.91	2.95
宁赛川	河水	8.58	28.44	1.20					

3.7　植被生态

　　吴起县地处中纬度，属半干旱温带大陆性季风气候区，植被性质具有明显的过渡特色，即从暖温带落叶阔叶林带向温带森林灌丛草原过渡。吴起县以森林灌丛草原为主，主要有沙棘、柠条、紫穗槐、酸枣、狼牙刺等灌木以及白羊草、黄背草等众多草本植物。全区受地形地貌条件制约，分布极不均匀，王洼子等西北部以光山秃岭为主，植被覆盖率低，其他地区相对稍好。区内河谷切割较深，多呈 V 形谷，流域内森林植被发育一般，总体植被覆盖率低，水土流失严重。区内植被种类具体如下：

　　（1）乔木。除槐树林、椿树林、侧柏林、松树林、白毛杨、小叶杨林等在吴起地区局部地方有分布外（洛源街道办、吴起镇、白豹镇、五谷城、薛岔等），其余地段分布较少。森林主要集中在薛岔林场。多分布在阳坡半阳坡，但在阴坡半阴坡也有分布，且从平地、坡麓一直到梁顶山脊。

　　（2）灌木。灌丛在吴起县主要是沙棘、柠条、紫穗槐、红皮柳、白刺花、栾树、互叶醉鱼草、木贼麻黄、沙柳、灌木铁线连、毛叶欧李、胡枝子、截叶铁扫帚、杠柳、本氏木兰、苦马豆、纯齿冬青、红花锦鸡儿、南蛇藤、探春花、石麻黄、白生柳等灌丛。其中柠条、紫穗槐、红皮柳、白刺花、黄蔷薇、沙棘、栾树、灌木铁线连、杠柳、本氏木兰、苦马豆、探春花等灌丛多生长在梁峁的阳坡半阳坡，石麻黄、白生柳等少数灌丛生长在沟道和梁峁的阴坡半阴坡。

　　（3）牧草。吴起县林草植被覆盖总面积约 2384.9 km²，其中天然林草植被较少，多为近年来退耕还林、人工种植。拥有人工草地 600 km²，林地 1273 km²，成林沙棘 833 km²。组成草场群落的植被约有 74 科 276 种。

（4）栽培作物。主要为玉米、冬小麦、春小麦、糜谷类、马铃薯类作物，分布在吴起县境内的沟谷坡地；在吴起县北部和西部主要为草和灌木，南部的吴起镇、白豹镇、薛岔乡等目前主要为杨树、枣树林等。从植被的分布与组合来看，吴起县属于草原区。

1998年以来，先后被国家林业局、水利部、财政部等部委确定为"全国退耕还林试点示范县"、"全国造林先进县"、"全国十百千水保生态环境建设先进县"、"全国林业建设标准化示范县"、"全国水土保持先进集体"和"全国退耕还林与扶贫开发工作结合试点县"，是全国150多个退耕还林县中封得最早、退得最快、面积最大的县，被称为全国退耕还林第一县。

近年来，随着退耕还林和山川秀美工程的实施，吴起县植被覆盖率明显提高，在科学发展观及构建和谐社会思想的指导下，生态环境将会朝着不断好转的趋势发展。

3.8 人类工程活动

人类工程活动是造成斜坡不稳定和诱发崩塌、滑坡、泥石流产生的主要因素之一。吴起县是一个黄土高原农业县，其产业经济结构以农业为主。人类工程经济活动主要包括农林牧业活动、城镇与农村建设、公路与水利等基础设施建设、矿产资源开发等，它们对地质环境的影响分别简述如下。

3.8.1 农林牧业活动

吴起县向来以农业生产为主，农作物种植主要以荞麦、谷子、糜子、豆子、葵花等为主。随着人口增加，人们要吃饭要种地，许多地方耕作技术落后，生产条件简单，维持着广种薄收、毁林荒、陡坡垦植、过度放牧等生产方式，降低了坡面的植被覆盖率，地表黄土裸露面积增大，增加了雨水的冲刷及入渗速度，再加之原始耕作方法（顺坡种植、顺坡开沟）在陡坡垦植，降低植被覆盖率，加剧了水土流失，为地质灾害的产生创造了有利条件。随着西部大开发、山川秀美工程的实施，吴起县大力调整农业产业结构，封山育林，退耕还林还草，坡地耕植几乎消除，耕地大多分布在宽阔的川道之中，河谷两侧多为常绿林及灌木丛，水土保持状况良好，地质灾害发生较少。牧业主要是放牧牛羊，自实施退耕还林政策以来，当地农民对家畜进行圈养等措施，原来自由漫山放牧的现象总体上得到纠正，此举对进一步改善吴起县生态环境，减少水土流失及退耕还林工作起到积极作用，在一定程度上减少了地质灾害的发生。

3.8.2 城镇与农村建设

随着经济的快速发展，生活条件的不断改善，城镇与农村基础建设日新月异，由此破坏了自然平衡，使原本一些不构成威胁的滑坡、崩塌、不稳定斜坡等地质现象的危险性也逐渐显现出来。这些人类工程活动多数存在因管理松懈而造成选址和建设的随意性与盲目性，这些活动极有可能引发新的地质灾害，威胁城镇与农村居民的生命财产安全。

在农村建设中，由于地域所限，宅基地缺乏，加上经济落后，当地群众自古就有大量削坡建窑的生活习惯。受气候、地形地貌、经济水平影响，1998 年以前城镇建筑风格以石拱窑洞平房为主，农村住房建筑则以土窑洞为主。1998 年以后，农村则以石拱窑洞为主，逐渐淘汰土窑洞。在黄土丘陵区建房往往要对马兰黄土与离石黄土形成的斜坡坡脚进行开挖，使土体边坡陡立，临空面增大，为崩塌、滑坡的发生创造了条件；有一部分群众建窑选址不当，或在垂直节理发育的黄土体中开挖土窑洞，或在坡顶中存在汇水洼地、坡体中存在潜蚀洞处建窑，均易发生崩滑灾害。

在城镇建设中，主要是改革开放以来，随着经济的迅速发展，城镇建设规模扩大，相应的配套设施增强，对建设用地的数量和质量均提出了较高的需求。改革开放以来吴起县城区规模不断扩大，人口密度猛增，房屋拆旧翻新，斜坡坡脚及沟谷沟口成为建筑场所，为了获取更多的建设用地大量开挖斜坡，严重破坏了地质环境的原有平衡，增加了遭受地质灾害的危险程度。因削坡建窑诱发的崩塌、滑坡、泥石流灾害呈上升趋势。

3.8.3 公路与水利等基础设施建设

近年来，县域内公路、水利等基础设施工程建设取得了长足发展。目前县境内公路增至 2590.3km（含砂石路 481km），其中等级路 1 条 78km（延安至吴起的高速公路已于 2008 年开始动工兴建，全路长 116.9km），其余为乡村公路；行政村全部通车。已修成周湾、边墙渠、丈方台等 3 座中型水库；"十一五"期间拟建大树梁水库、陡子洼水库（$500 \times 10^4 \mathrm{m}^3$），淤地坝 343 座（其中骨干坝 52 座），修建胜利山、大路沟隧道和二道川口大桥。

在黄土梁峁沟壑区大量地进行工程建设，开挖边坡，挖砂取土制砖，开采石料，不可避免地形成高陡边坡，破坏了斜坡的稳定性。在黄土沟壑区进行交通线路建设很少对沟谷两侧斜坡进行稳定性评价；特别是大规模开采石油以来，道路建设快速发展，90% 的路段需要开挖边坡，因资金投入有限，县乡（镇）及村级公路往往采用推土机推开，简易削坡处理即可，没能采取必要的防护措施，使斜坡变陡，失去支挡，稳定性降低，形成了高陡边坡，为滑坡、崩塌的形成创造了临空条件，留下许多隐患。

区内淤地坝（如周湾水库，周湾滑坡形成的淤地坝）是以截蓄地表水为主，多数水库、坝体建在黄土地层上，库区（坝区）蓄水，使地下水位抬升，浸润和软化周边土体，加大岩土体中的静、动水压力，易导致崩塌、滑坡的发生。此外淤地坝体构筑简易，就地取材，坝肩缺乏泄洪渠，稳定性差，易形成溃决型泥流。另外，在工程建设中，将大量的工程弃土弃渣随意地倾倒在山坡或河（沟）道中，挤占河（沟）道，一遇暴雨即产生泥流，不但淤积河床、水库，冲毁堤坝，淹没农田，反过来又侧蚀破坏公路、输电线等设施，甚至威胁人民群众的生命财产安全。

3.8.4 矿产资源开发

吴起县矿产资源较为丰富，已探明的矿产资源主要是石油、天然气、石材等。县境内石油、天然气探明储量1.5亿吨，年生产能力达到160万吨，是陕北石油年产量最大县。石油已成为县域经济支柱产业，主要分布于白豹镇和庙沟、长官庙、吴仓堡，原油埋藏在侏罗系砂岩中，深度300m左右。

县境内有砖厂7个。砖厂主要分布在吴起镇、吴仓堡、五谷城、白豹镇，取用上更新统马兰黄土和上部离石黄土。

矿产资源开发引起的主要环境地质问题有以下两个方面：

（1）采油。区内石油开采存在的环境地质问题主要是对区内河流与水源地的污染，对群众的生活用水的水质安全构成极大威胁，新油井的建设及不合理的选址和开挖边坡诱发新的滑坡、崩塌等地质灾害，对油井安全构成威胁。袁和庄不稳定斜坡就是在建设油井注水站施工场地时，对环境条件因素考虑不周，平整场地开挖边坡造成坡脚过陡，形成陡峭的临空面，造成边坡不稳定。

（2）制砖取土、挖砂形成高陡边坡，易引发崩滑灾害。如吴起镇金佛坪村砖厂开挖边坡取土使得近坡顶出现长达十几米的裂缝，至今仍威胁当地居民生命和财产安全。

人类工程经济活动一方面极大地促进了地方经济发展，另一方面不合理不规范的工程经济活动，对境内地质环境造成了破坏，引发产生了许多地质灾害。增强干群防灾减灾意识、规范开发建设行为是减少人类工程经济活动引发地质灾害之本。

4 地质灾害发育类型及其特征

地质灾害是自然因素和人类活动引发的、与地质作用有关的、危害人民生命和财产安全的滑坡、崩塌、泥石流、地面塌陷、地裂缝、地面沉降等灾害，包括已经发生的地质灾害和地质灾害隐患。地质灾害隐患是指可能危害人民生命和财产安全的不稳定斜坡、潜在滑坡、潜在崩塌、潜在泥石流和潜在地面塌陷，以及已经发生但目前还不稳定仍有威胁对象的滑坡、崩塌、泥石流、地面塌陷等。

典型地质灾害如图 4.1 ~ 图 4.4 所示。

图 4.1　庙沟乡大岔村大台滑坡（WQ001）

图 4.2　白豹镇土佛寺村马营滑坡（WQ027）

图 4.3　长城乡边墙渠水库崩塌（D112）

图 4.4　洛源街道办旧居巷政府沟泥流（WQ049）

调查采用遥感与地面调查相结合的方法进行。遥感解译滑坡、崩塌地质（灾害）点 981 处（其中核查 610 处，另有 87 处与野外实地调查点重合），野外实地调查点 310 处，其中环境地质调查点 113 处，地质灾害调查点 197 处。在全部 197 处地质灾害调查点中滑坡 134 处，占地质灾害点总数的 68.0%；崩塌 52 处，占地质灾害点总数的 26.4%；不稳定斜坡 10 处，占地质灾害点总数的 5.1%；调查发现，区内泥石流灾害不发育，仅发现 1 处，且属黏性泥流，占地质灾害点总数的 0.5%（见表 4.1）。

表 4.1 地质灾害各类调查点统计 （处）

灾害类型	遥感解译	核查	实地调查	隐患点	遥感解译与实地调查重合	小计（减去重合部分）
滑　坡	981	602	134	51	87	736
崩　塌	0	8	52	17	0	60
不稳定斜坡	0	0	10	5	0	10
泥石流	0	0	1	1	0	1
地质环境点	0	0	113		0	113
合　计	981	610	310	74	87	920

4.1 地质灾害类型

依据中国地质调查局发布的《滑坡崩塌泥石流灾害调查规范（1∶50000）》（DD02—2008），通过实地调查，吴起县境内地质灾害发育的主要类型有滑坡、崩塌、泥流三类。结合调查区实际情况，在划分地质灾害类型时，以引起灾害或具有潜在危害的 74 处地质灾害隐患点（其中 51 处滑坡、17 处崩塌、5 处不稳定斜坡和 1 处泥流）等野外实地调查资料为依据，不考虑未引起灾害或不具潜在危害的滑坡、崩塌等自然地质现象点。吴起县地质灾害隐患点发育类型统计见表 4.2。

表 4.2 吴起县地质灾害隐患点发育类型统计

类　　型	数量/个	比例/%
滑　坡	51	69.9
崩　塌	17	23.3
不稳定斜坡	5	6.8
泥　流	1	1.4

本次调查共完成野外详细调查点 197 处，其中地质灾害隐患点 74 处，灾害地质点 123 处（本书中将各类不良地质现象点中没有威胁对象或历史上曾经已经发生

过但如今不再具有危害的地质灾害点,统称为灾害地质点);另外调查地质环境点113 处,解译核查点 610 处。下面将区内发育的地质灾害分门别类加以叙述。

4.1.1　滑坡

　　滑坡灾害是指组成斜坡的岩土体在各种自然、人为营力因素影响下受重力作用整体顺坡沿一定的滑动面(带)整体向下滑动,对人民生命财产和各项社会活动以及资源造成极大损失的灾害。滑坡为区内最发育的地质灾害类型,具有分布面广、数量大、活动性强、破坏性大的特点。本次调查共发现滑坡 51 处,皆为黄土滑坡,滑体组成大多为第四系中更新统($Q_{P_2}^{eol}$)、上更新统($Q_{P_3}^{eol}$)风积黄土,在冲沟内可见黄土与新近系红黏土组成的滑体,滑体表层可见黄土状土与粉细砂。按照规范,可进一步划分滑坡的基本类型,各类型的名称、划分指标与其发育数量及其百分比见表4.3。

表 4.3　滑坡基本类型

序号	划分依据	基 本 类 型		数量/个	占比/%
		滑坡名称	划分指标		
1	物质组成	土质滑坡	以黄土为主体	51	100
		岩质滑坡	以基岩为主体	0	0
2	滑体厚度 H/m	浅层滑坡	$H < 10$	10	19.6
		中层滑坡	$10 \leq H \leq 25$	35	68.6
		深层滑坡	$25 < H \leq 50$	5	9.8
		超深层滑坡	$H > 50$	1	2.0
3	运动形式	推移式滑坡	后部推动	13	25.49
		牵引式滑坡	前缘牵引	38	74.51
4	发生原因	工程滑坡	以人类活动为主	34	66.67
		自然滑坡	以自然因素为主	17	33.33
5	现今稳定程度	稳定滑坡	无活动特征	0	0.00
		较稳定滑坡	有轻微活动特征	46	90.20
		不稳定滑坡	有明显活动特征	5	9.80
6	发生年代	新滑坡	现今活动	19	37.25
		老滑坡	全新世以来发生	32	62.75
		古滑坡	全新世以前发生	0	0.00
7	滑体体积 V/m³	小型滑坡	$V < 10 \times 10^4$	16	29.4
		中型滑坡	$10 \times 10^4 \leq V < 100 \times 10^4$	29	56.9
		大型滑坡	$100 \times 10^4 \leq V \leq 1000 \times 10^4$	6	13.7
		特大型滑坡	$V > 1000 \times 10^4$	0	0.00
8	按剪出口的位置	黄土内部滑坡		37	72.55
		黄土与红黏土接触面滑坡		11	21.57
		黄土(红黏土)与基岩接触面滑坡		3	5.88

从表4.3中可知,调查区内以中型滑坡为主,共29处,占总数的56.9%;大型滑坡6处,为总数的13.7%;小型滑坡15处,为总数的29.4%。大型滑坡皆以深层滑动为主,滑带多数切过新近系(N$_2$)红黏土顶部,后缘圈椅状地形明显。滑体在滑坡发生过程中均遭受不同程度的扰动,土的原始结构遭受不同程度的破坏,给水的径流、下渗创造了条件。老滑坡坡面上冲沟、凹沟和落水洞均有发育,多数老滑坡体的坡脚已抵近沟底,使坡脚不断受沟水冲刷,滑体现今均有不同程度的蠕动变形。老滑体多具上、下部陡,中间缓的特点,中部缓坡地带多为群众集中居住和耕作的地带,由于不规范的人类活动促进了滑坡的复活。新滑坡大都一坡到底,多数滑体上无明显的平台。吴起县滑坡类型概括为人工活动为主的中浅层、中小型牵引式黄土滑坡。

4.1.2 崩塌

崩塌是陡坡或直立陡坎上部分岩土体脱离母体,发生坠落、倾倒和滚动,对其下居民或房屋及道路等造成损失的一种地质灾害。崩塌是黄土地区最为常见的地质灾害类型之一,根据本次调查统计结果(见表4.4),吴起县崩塌共计17处,均为浅层黄土崩塌;从其规模来看,多为小型崩塌;从形成机理上看,以倾倒式和滑移式最为普遍(两者占总数的76.5%)。

表4.4　崩塌发育类型统计

分 类 依 据	发 育 类 型	数量/处	占比/%
物质组成	黄土	17	100.0
	堆积(土质)层	0	0.0
	岩质	0	0.0
崩塌体厚度/m	浅层(<6)	13	76.5
	中厚层(6~20)	4	23.5
	后层(>20)	0	0.00
崩塌体规模/m³	小型(<1×10^4)	11	64.7
	中型(1×10^4~10×10^4)	6	35.3
	大型(>10×10^4)	0	0.0
形成机理	倾倒式崩塌	7	41.2
	滑移式崩塌	6	35.3
	鼓胀式崩塌	0	0.0
	拉裂式崩塌	1	5.9
	错断式崩塌	3	17.6

4.1.3 不稳定斜坡

不稳定斜坡指由于自然或人工活动引起的目前正处于或将来一定时间内有可能处于变形阶段，进一步发展可形成崩塌或滑坡灾害的斜坡，是一种潜在地质灾害。从坡体组成物质来看，5 处不稳定斜坡（见表 4.5）均为黄土斜坡。

表 4.5 不稳定斜坡特征

序号	编号	名称	位置	类型	稳定性
1	WQ002	会庄不稳定斜坡	庙沟乡大岔村会庄组	黄土	稳定性较差
2	WQ034	陈岔不稳定斜坡	王洼子乡陈岔村陈岔组	黄土	稳定性较差
3	WQ053	杏树沟门不稳定斜坡	洛源街道办宗圪堵村杏树沟门组	黄土	稳定性较差
4	WQ065	背台不稳定斜坡	吴仓堡乡吴仓堡村背台自然村	黄土	稳定性差
5	WQ074	袁和庄不稳定斜坡	白豹镇袁和庄注水站	黄土	稳定性差

不稳定斜坡的最终变形方式有可能发生为滑坡和崩塌两种。从主导触发因素角度划分，以人类工程活动为主导触发因素的不稳定斜坡有 2 个，以自然原因为主导触发因素的有 3 个。其中，稳定性较差的不稳定斜坡 3 个，稳定性差的不稳定斜坡 2 个。

4.1.4 泥石流

泥石流灾害是指山区沟谷中由暴雨、冰雪融化或江河、水库溃决后的急速地表径流激发含有大量泥沙、砾石等固体碎屑物质，并有强大的冲击力和破坏作用的特殊洪流，对人类生命财产造成损失的灾害。吴起县境内沟坡坡度大，崩塌、滑坡的堆积物很难在斜坡上聚集，多直达沟底，不断为沟水带走。固体物质难以聚集，因此区内泥流很少发育。

目前仅有洛源街道办旧居巷政府沟具有形成泥流的条件，沟道内有大量建筑弃土未清除（见图 4.4），堆积量 $0.5 \times 10^4 \sim 1.0 \times 10^4 \text{m}^3$，是泥流的主要物质来源；沟道汇水面积不大，一般情况下不易形成泥流，如发生大暴雨，沟道排水不畅，沟水壅高会形成泥流灾害，沟内居住人口较密集。一旦成灾将造成重大损失。

4.2 地质灾害发育特征

吴起县的气象、地貌和地层及构造决定了调查区内地质灾害的发育特征，决定了吴起县内滑坡、崩塌、不稳定斜坡和泥石流灾害或灾害隐患的形态与规模特征、边界特征、表部特征、内部特征和变形活动特征。

吴起县地质灾害发育总特征概括为以下几点：

（1）数量多、密度大、变形模数大，规模以中小型为主；诱发因素清楚，从已发生地质灾害以及造成的损失来看，人工活动诱发的崩塌占多数；地质灾害中滑坡所占比重最大，也是最常见的灾害。

（2）滑坡平面形态典型，基本力学模式简单；崩塌规模小、危害大、变形模式多样；不稳定斜坡坡形以凸型为主，潜在危害较大。

（3）地质灾害发育具周期性，多发生在丰水年份和年际内的丰水季节。

（4）地质灾害具群发性。一方面是时间上指多雨年份或多雨季节地质灾害发生也多，另一方面表现在空间上，在地质条件和地域上基本一致，在降水量相同的条件下，人口集中、不规范的人类工程活动强度大的地区，地质灾害则集中易发。

（5）地质灾害具突发性。其一，地质灾害发时间短促，临灾形变速度快，从变形加剧到产生灾害时间很短，裂缝迅速扩展至贯通破坏；其二，暴雨是诱发地质灾害的重要因素，而在地形地貌复杂地区，局部小气候变化大，暴雨发生时间和强度多难预测、预报，由暴雨诱发的地质灾害也多难以准确预测。如 1988 年 6 月 27 日下午 3 时突降暴雨，在 130min 内，降水量达 82mm，洛河流量暴涨至 $1800m^3/s$，吴起镇、洛源街道办、白豹镇一线灾情严重，总塌方量 $1.23 \times 10^4 m^3$，损失严重；2007 年 10 月庙沟大台滑坡在 1h 左右时间内发生体积量达到 $4.7 \times 10^6 m^3$ 的黄土滑坡（见图 4.1）；2008 年 11 月 30 日上午 9 时，新寨乡石台子村村民整修道路，近 200m 长的黄土斜坡像刀切一样瞬间坍塌崩落（见图 2.5），造成 6 死 1 伤。

4.2.1 滑坡发育特征

4.2.1.1 形态与规模特征

调查区滑坡均属黄土滑坡，无论是实地或是在遥感影像上，其形态特征明显，容易识别。滑坡后壁平面形态多呈典型的圈椅状，形态明显，后壁多处于黄土梁峁斜坡中上部，坡度为 60°~90°。滑坡前缘表现为舌状或长舌状，古滑坡和老滑坡前缘多遭受侵蚀，甚至连滑体大部或全部被冲蚀殆尽，仅保留后缘圈椅形态和因侵蚀坍塌而残留的坡面较陡的少量滑体。在老滑坡坡脚可见发育有高漫滩甚至一级阶地沙砾石层堆积。

A 平面形态

滑坡平面形态是指滑坡体在平面地形图中的水平分布几何特征，《滑坡崩塌泥石流灾害详细调查规范（2008）》附表 A 将滑坡平面形态概括为半圆形、矩形、舌形、不规则形，实际调查过程中发现还有半椭圆形、锐（钝）角三角形等。表 4.6 所示是吴起县典型滑坡的平面形态特征。典型滑坡平面形态特征的典型照片图和平面图如图 4.5~图 4.18 所示。

表 4.6　吴起县典型滑坡的平面形态特征

序号	平面形态	主　要　特　征	所占比例	典型照片图	平面图
1	半圆形	滑坡后壁呈圆弧形，滑坡体下滑后近平行推进，滑体平面投影为近半圆形	较少	图 4.5	图 4.6
2	半椭圆形	滑坡后壁呈圈椅状展布，滑坡体下滑后宽度大于长度或长度大于宽度，其平面投影呈半椭圆形	较少	图 4.7	图 4.8
3	矩形	滑坡后壁近直线，像被切割一样，滑壁较陡，两侧受节理裂隙等结构面控制，滑体平面投影近似矩形	较少	图 4.9	图 4.10
4	舌形	滑坡后壁呈短弧线形，滑体向前运动距离较远，长度远大于宽度，平面投影呈舌状	较少	图 4.11	图 4.12
5	锐角三角形	滑坡后壁呈劣弧线形，滑体向前运动同时向两侧扩展，平面投影呈锐角三角形	较多	图 4.13	图 4.14
6	钝角三角形	滑坡后壁呈优弧线形，滑体向前运动同时向两侧扩展，平面投影呈钝角三角形	较多	图 4.15	图 4.16
7	不规则形	滑坡后壁形态不明显或不规则，滑体运动无主方向或变形破坏严重，平面形态复杂	较少	图 4.17	图 4.18

图 4.5　吴起镇刘坪滑坡（D090）

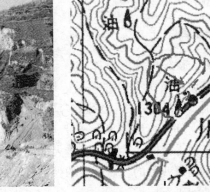

图 4.6　吴起镇刘坪滑坡平面图

　　受地形影响，黄土体内节理重力作用产生张拉裂缝，发育在黄土梁侧面斜坡上的滑坡后壁往往平行于山梁方向，滑坡体形态多呈扁形（半椭圆形、矩形），宽度往往大于长度；而发育在黄土峁或黄土梁端头的滑坡，当滑坡位置较高时则多形成舌状、锐角三角形，长度大于或接近宽度；当滑坡位置较低时则多形成钝角三角形或半圆形。

图 4.7 薛岔乡大路沟滑坡（1）（WQ072）

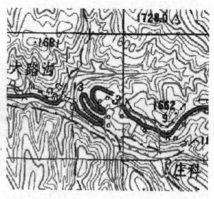

图 4.8 薛岔乡大路沟滑坡（1）平面图

图 4.9 庙沟乡沙石河湾滑坡（WQ007）

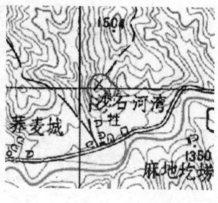

图 4.10 庙沟乡沙石河湾滑坡平面图

图 4.11 吴仓堡乡韩沟门滑坡（3）（J375）

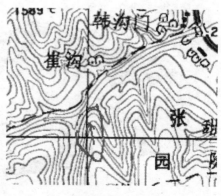

图 4.12 吴仓堡乡韩沟门滑坡（3）平面图

图 4.13 薛岔乡大路沟滑坡（2）（J556）

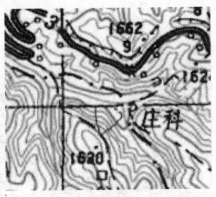

图 4.14 薛岔乡大路沟滑坡（2）平面图

图 4.15 五谷城乡石崖砭滑坡（5）（J462）

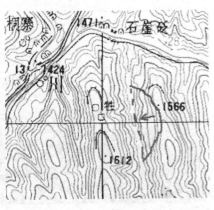

图 4.16 五谷城乡石崖砭滑坡（5）平面图

图 4.17 吴起镇张坪村炸药库滑坡（WQ044）

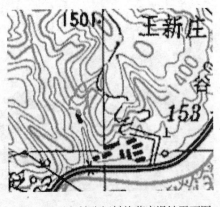

图 4.18 吴起镇张坪村炸药库滑坡平面图

B 剖面形态

滑坡剖面形态是指滑坡体的代表性剖面图中的滑体分布几何特征，中国地质调查局《滑坡崩塌泥石流灾害详细调查规范（2008）》中的附表A将滑坡剖面形态概括为凸形、凹形、直线形、阶梯形、复合型。表4.7所示是吴起县典型滑坡的剖面形态特征。典型滑坡剖面形态特征的典型照片图和剖面示意图如图4.19～图4.28所示。

表4.7 吴起县典型滑坡的剖面形态特征

序号	剖面形态	主 要 特 征	所占比例	典型照片图	剖面示意图
1	凸 形	滑坡后壁呈圆弧形，滑坡体滑动距离较近，下滑后在较近处堆积，使得中前部凸起呈大肚子状，多为新滑坡，滑体剖面呈凸形	较少	图4.19	图4.20
2	凹 形	滑坡后壁呈圈椅弧线状展布，滑坡体滑动距离较远，下滑后在较远处堆积或滑体被冲蚀掉，使得中前部凹陷，多为老（古）滑坡，滑体剖面呈凹形	较多	图4.21	图4.22
3	直线形	滑坡后壁不明显，滑坡体下滑后散落堆积，使得滑面近直线状，滑体剖面呈直线形	较少	图4.23	图4.24
4	阶梯形	滑坡后壁呈弧线形，陡坎状，滑体向前运动后呈台阶状分布，滑体剖面呈阶梯形	较多	图4.25	图4.26
5	复合型	滑坡后壁形态不明显或不规则，滑体运动无主方向或变形破坏严重，或再次滑坡、崩塌，坡面被流水等冲蚀改造，坡面形态复杂，滑体剖面呈复合型	较多	图4.27	图4.28

图4.19 薛岔乡沙集村沙集滑坡（1）
（D121）

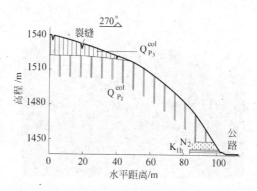

图4.20 薛岔乡沙集村沙集滑坡（1）
剖面示意图

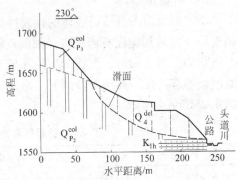

图 4.21 新寨乡高渠村马新庄
滑坡（D030）

图 4.22 新寨乡高渠村马新庄滑坡
剖面示意图

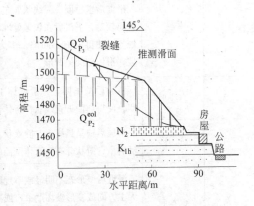

图 4.23 洛源街道办杏树沟门
滑坡（1）（WQ052）

图 4.24 洛源街道办杏树沟门滑坡（1）
剖面示意图

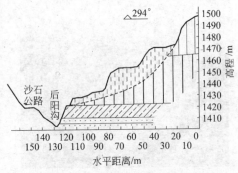

图 4.25 吴仓堡乡后阳暗滑坡（3）（J393）

图 4.26 吴仓堡乡后阳暗滑坡（3）
剖面示意图

图4.27 吴仓堡乡朱寨子
滑坡（4）（J405）

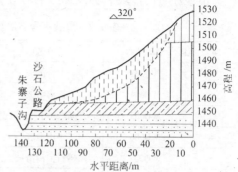

图4.28 吴仓堡乡朱寨子滑坡（4）
剖面示意图

C 滑坡体几何特征

在73处地质灾害隐患点中，根据51处滑坡实地详细调查资料，对相关数据进行分区和统计，得出长度、宽度和厚度分布区间，以及最敏感分布区，具体如下：

（1）长度。滑坡体长度跨度范围较大，自30~350m都有分布，但主要集中在50~150m间，有39处，占实地调查滑坡总数的76.47%；长度 $L<50m$ 的有3处，占5.88%；$L>150m$ 的有9处，占17.64%（见表4.8和图4.29）。滑坡长度最大为350m（薛岔乡大路沟滑坡（1），WQ072），滑坡长度最小为30m（吴起镇张坪炸药库滑坡，WQ044），平均长度为114.4m。

表4.8 滑坡体长度分段统计

长度区间/m	<50	50~100	101~150	151~200	201~250	>251
数量/处	3	27	12	4	2	3
占比/%	5.88	52.94	23.53	7.84	3.92	5.88

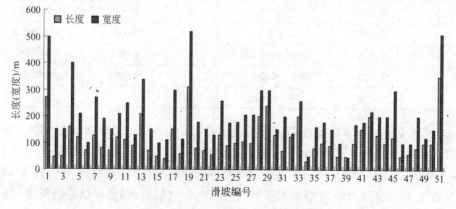

图4.29 滑坡体长度、宽度分布图

滑坡序号与滑坡名称及编号的对应关系见表4.9。

表4.9　滑坡序号与滑坡名称及编号的对应关系

序号	滑坡编号	滑坡名称	序号	滑坡编号	滑坡名称
1	WQ001	大台滑坡	27	WQ031	田咀子滑坡
2	WQ004	柳沟滑坡	28	WQ035	王洼子滑坡
3	WQ005	二虎圪崂滑坡（3）	29	WQ036	木台滑坡
4	WQ006	中山滑坡	30	WQ038	崖窑台滑坡
5	WQ007	砂石河湾滑坡	31	WQ039	刘砭滑坡
6	WQ008	梨树掌滑坡	32	WQ041	后山滑坡
7	WQ009	湫沟滑坡	33	WQ043	石百万滑坡
8	WQ010	韩岔滑坡（1）	34	WQ044	炸药库滑坡
9	WQ011	韩岔滑坡（2）	35	WQ045	张沟滑坡
10	WQ013	曹渠滑坡	36	WQ046	杨湾滑坡
11	WQ014	许咀滑坡	37	WQ047	前刘渠滑坡
12	WQ015	张湾子滑坡	38	WQ048	饲养场沟滑坡
13	WQ016	林沟岔滑坡	39	WQ050	政府沟滑坡
14	WQ018	李砭滑坡	40	WQ051	鸵鸟台滑坡（1）
15	WQ019	新庄科滑坡	41	WQ052	杏树沟门滑坡
16	WQ020	李洼滑坡	42	WQ054	合沟口滑坡
17	WQ021	李渠子滑坡	43	WQ058	东园子滑坡（2）
18	WQ022	任渠子滑坡	44	WQ059	东园子滑坡（3）
19	WQ023	胡圪崂滑坡（1）	45	WQ061	庙沟岔滑坡（1）
20	WQ024	胡圪崂滑坡（2）	46	WQ065	吴仓堡中学滑坡（1）
21	WQ025	李渠子滑坡	47	WQ066	会地台滑坡
22	WQ026	姜湾滑坡	48	WQ067	西门滩滑坡
23	WQ027	马营滑坡	49	WQ068	后黄洞滑坡
24	WQ028	朱峁子滑坡（1）	50	WQ071	邢河滑坡
25	WQ029	朱峁子滑坡（2）	51	WQ072	大路沟滑坡（1）
26	WQ030	洞子沟滑坡			

（2）宽度。滑坡体宽度跨度范围也比较大，在45～530m间都有分布。集中在50～300m之间，有44处，占滑坡总数的86.27%；宽度$B \leqslant 50m$的有2处，占3.92%；150～400m有27处，占52.94%；$B > 400m$的有3处，占5.88%（见表4.10和图4.29）。滑坡宽度最大为520m（白豹镇韩台村胡圪崂滑坡（1），WQ023），最小为45m（洛源街道办政府沟滑坡，WQ050）；平均宽度202.2m。

表 4.10 滑坡体宽度分段统计

宽度区间/m	≤50	51~100	101~150	151~200	201~300	301~400	>400
数量/处	2	6	13	12	13	2	3
占比/%	3.92	11.76	25.49	23.53	25.49	3.92	5.88

从图 4.29 可以看出，滑坡体宽度一般比长度大（只有 WQ050 政府沟滑坡长度大于宽度），滑坡体平面整体呈扁体、横切椭圆形等，宽度与长度之比与滑坡发生数量具有一定关系（见图 4.30、图 4.31 和表 4.11），倍数关系集中在 1.7~2.2 倍，平均宽度是长度的 1.9 倍，最大者宽度是长度的 3.3 倍（庙沟乡柳沟村柳沟滑坡，WQ004），最小者宽度是长度的 0.9 倍（洛源街道办政府沟滑坡，WQ050）。

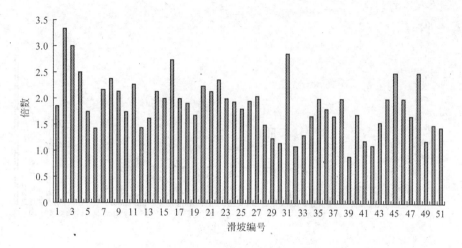

图 4.30 滑坡体宽度对长度的倍数分布图

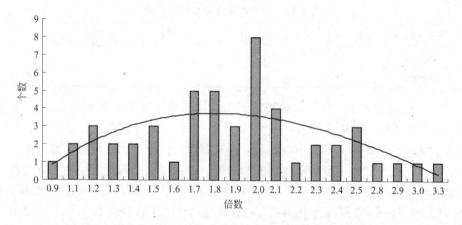

图 4.31 滑坡体宽度对长度的倍数分布图（图中曲线为趋势拟合）

表 4.11　滑坡体宽度与长度倍数个数统计

倍数区间/倍	≤1.0	1.1~1.3	1.4~1.6	1.7~1.9	2.0~2.2	2.3~2.5	>2.5
数量/个	1	7	6	13	13	7	4
占比/%	1.96	13.73	11.76	25.49	25.49	13.73	7.84

（3）厚度。滑坡体厚度分布范围为 5~60m，主要集中在 8~20m，有 38 处，占实际调查滑坡总数的 74.5%；其中 5~10m 之间，分布有 10 处；10~20m 之间分布有 33 处；21~30m 之间分布有 4 处；31~40m 之间分布有 2 处；厚度大于 40m 有 2 处，占 3.9%（见图 4.32 和表 4.12）。滑坡厚度最大为 60m（薛岔乡大路沟滑坡（1），WQ072），最小为 5m（洛源街道办政府沟滑坡，WQ050）；平均厚度为 16.5m。

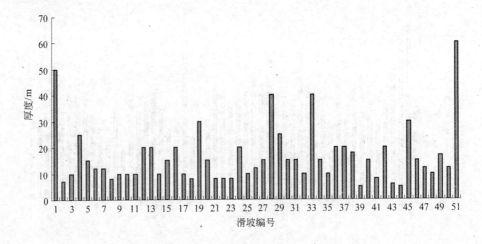

图 4.32　滑坡体厚度分布图

表 4.12　滑坡体厚度分布区间统计

厚度区间/m	<10	10~20	21~30	31~40	>40
数量/处	10	33	4	2	2
占比/%	19.61	64.71	7.84	3.92	3.92

（4）面积和体积。从以上分析看，滑坡体长度主要集中在 50~150m，宽度主要集中在 100~300m，厚度主要集中在 8~20m。宽度最大，长度居中，厚度最小。从滑坡规模看，其大小主要是取决于宽度的变化。规模小的偏窄，规模大的稍宽，面积的增加主要体现在宽度的增加。就以上统计资料的长度、宽度和厚度数据，求得滑坡面积为 $0.1 \times 10^4 \sim 15.3 \times 10^4 m^2$，体积为 $0.5 \times 10^4 \sim 856.8 \times 10^4 m^3$。滑坡体的面积（见图 4.33 和表 4.13）主要集中在 $0.5 \times 10^4 \sim 2.0 \times 10^4 m^2$，占 30 处，最大面积 $15.3 \times 10^4 m^2$（白豹镇韩台村胡圪崂滑坡（1），

WQ023），最小面积 $0.1 \times 10^4 \mathrm{m}^2$（吴起镇张坪炸药库滑坡，WQ044），平均面积为 $2.8 \times 10^4 \mathrm{m}^2$；而体积（见图4.34和表4.14）主要集中在 $5 \times 10^4 \sim 30 \times 10^4 \mathrm{m}^3$，占34处，最大体积为 $856.8 \times 10^4 \mathrm{m}^3$（薛岔乡大路沟滑坡（1），WQ072），最小体积为 $0.5 \times 10^4 \mathrm{m}^3$（洛源街道办政府沟滑坡，WQ050）；平均体积方量为 $60.3 \times 10^4 \mathrm{m}^3$。

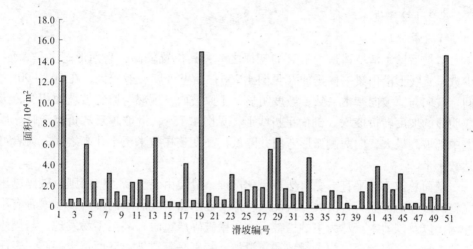

图4.33　滑坡体面积分布图

表4.13　滑坡体面积分段统计

面积分布/$10^4 \mathrm{m}^2$	<0.5	0.5~1.0	1.1~1.5	1.6~2.0	2.1~3.0	3.1~4.0	>4.0
数量/个	3	12	10	8	5	3	10
占比/%	5.88	23.53	19.61	15.69	9.80	5.88	19.61

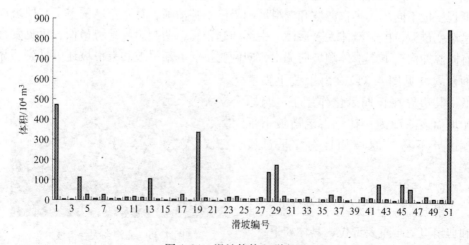

图4.34　滑坡体体积分布图

表4.14　滑坡体体积分段统计

体积分布/10^4m^3	<10	11~30	31~50	51~100	101~200	201~1000	>1000
数量/个	16	23	2	3	4	3	0
占比/%	31.37	45.10	3.92	5.88	7.84	5.88	0

4.2.1.2　边界特征

A　滑坡后壁

滑坡后壁是滑坡体最为显著的特征之一，其位置较高，平面形态多呈弧形，少数呈直线形沿山梁一侧延伸（见图4.25）。后壁坡度一般较大，在60°~90°之间，坡向与原坡向基本一致，坡度明显大于原坡面；顶部与原斜坡坡面相交，形成明显的坡度转折棱坎（剖面呈折线形，见图4.13），滑坡越新转折越清晰。后壁中部坡高最大，向两侧弧形弯曲并降低，高度多在数米至十几米之间，大者可达数十米。

壁面总体上较平直。受自然界风化侵蚀，滑坡由老至新，壁面则由破碎趋于完整。破碎的壁面为古滑坡，仅能从整体上显示出滑坡后壁的形态，多发育有小冲沟，以及以灌木草丛为主的植被。在后壁破碎严重时，甚至不易发现，与周边斜坡接近。完整壁面多为老滑坡和新滑坡，特别是新滑坡，壁面黄土裸露，表面略显凹凸不平（局部可见滑坡擦痕），其上植被不发育，与周边斜坡可明显区别开来（见图4.1）。

B　滑坡侧界

滑坡侧界分为两部分：上部为侧壁，与后壁特征相近；下部为滑体边界，在滑动中滑体堆积于下方，向两侧扩展。滑坡下滑后，坡面坡度减缓，在斜坡上形成一凹地，凹地两侧即为上部侧界。随着滑坡发生时间早晚不同，侧界保留的清晰程度也不同。大多古滑坡和老滑坡侧界已不甚清晰，林木草丛覆盖，与原坡面呈渐变过渡；由于滑体大多后倾，中部凸起稍高，两侧边界地势最低，可见发育有同源冲沟。下部滑体顺坡向突出，向两侧扩展。新滑坡和老滑坡还可见到明显的台坎（见图4.35）。由于黄土强度低，其边界在长期风化作用下，与原始坡面逐渐混为一体，古老滑坡下部侧边界不易与原坡面区分，呈过渡关系。

C　滑坡前缘

滑坡前缘包括出露位置、临空面和剪出口三个重要部位，具体如下：

（1）出露位置。滑坡前缘出露于

图4.35　庙沟乡大台滑坡
后缘坡顶裂缝（WQ001）

河流或沟谷斜坡坡脚。古滑坡和部分老滑坡的前缘基本没有保存，在长期地质历史中遭受流水侵蚀，已不存在，仅存滑坡体中后部；老滑坡和新滑坡前缘尚存在，滑坡在下滑时多冲向彼岸，堵塞河道（见图4.36），迫使河流弯曲，在地貌上多表现为河流凸岸。

（2）临空面。受流水侵蚀，处于斜坡坡脚的古滑坡和老滑坡前缘多形成滑坡临空面，其高度一般在数米至十几米，临空面坡度陡，多在45°以

图4.36 庙沟乡大台滑坡前缘（WQ001）

上，甚至直立。表面新鲜地层裸露，可见有滑动挤压形成的致密纹理。

（3）剪出口。剪出口出露的地层因地质结构和河谷所处地段不同而异，剪出口可见三种类型：

1）黄土层内型：是区内较常见的剪出口类型。滑坡自黄土层内剪出，滑面或在马兰黄土中，或切穿数层古土壤，剪出口位置在离石黄土中，所见出口位置有高有低，在数米至数十米之间。

2）黄土-红黏土型：由于黄土及黄土状图的覆盖，仅在部分沟谷两侧可见，滑坡体沿红黏土面剪出，剪出部分土体混杂，受强烈挤压形成黄土-红黏土混合挤压带，剪出口位置相对较低。

3）黄土-基岩型：黄土直接与基岩接触，滑坡体沿基岩面剪出。由于两者工程地质性质差异明显，上覆黄土厚度大，沟谷切割深，坡体临空面大，滑坡即沿此剪出。

4.2.1.3 表部特征

A 微地貌

滑坡表面微地貌形态多样。后缘是滑坡体的最高点，由于滑体下滑后形成反倾坡面，较陡后壁与反倾后缘间形成封闭的洼地，降雨在洼地汇集，积水较多时，向滑体两侧排泄，形成"双沟同源"现象。洼地内潜蚀发育，特别当滑坡体有复活运动趋向时，坡体中结构疏松，落水洞发育，直径数十厘米左右，深1m左右，呈串珠状向两侧延伸。

调查区滑坡主要为牵引式滑动，其地貌特征表现为：自前缘到后壁分别逐级滑落，在滑坡体表面自上而下可见逐级错降的台坎。坎高多在1~3m，坡度陡峭，近于直立或直立，台面宽2~5m，顺坡向下倾，坡度10°左右或近于水平。

古滑坡体上冲沟发育，完整性差。冲沟规模随滑坡体的大小不同而异，大型滑坡体上冲沟宽十米至二三十米，沟深可达三四十米，将滑坡体分割成独立的若

干部分，而滑坡体中部较两侧也更为凹陷；老滑坡和新滑坡完整性较好，冲沟浅且少，深和宽均在数米上下，总体上中部凹陷也不明显。由于滑坡体在总体上较周边斜坡凹陷，易于汇集降水，植被发育较好，不仅草丛茂盛，而且还多形成小规模的森林。植被发育明显优于周边斜坡。

　　近代发生的新滑坡保留着典型的滑坡特征。不仅后壁和侧壁黄土裸露，壁面新鲜明晰，且滑坡体基本没有被侵蚀。在滑体前缘，滑体前行受阻，形成前缘鼓胀，两侧并发育有数厘米宽的张性裂缝。滑体冲出至沟底，向两侧扩散，形似田陇地埂。受谷底流水侵蚀，陇埂多不易保存，只留下略显凸起的地形。

　　B　裂缝

　　古滑坡和老滑坡时代久远，滑体上裂缝早已彻底充填，现今没有迹象可寻。但新滑坡，特别是近期发生的滑坡，其上裂缝清晰可见（见图 4.37）。滑体两侧有张性裂缝，裂缝宽数厘米，近似平行排列，间距随滑坡规模而不等，从数厘米到数米都有。滑坡后缘有横向张裂缝产生，随着规模的不断增大，沿垂直于裂缝方向会产生小型的落水洞。位于庙沟乡大台村的大台滑坡发生于 2007 年 10 月，在后缘坡顶产生横向裂缝（见图 4.35），长约 150m，宽约 0.5 ~ 1.0m；在滑坡两侧也发育了大量的裂缝（见图 4.38）。

图 4.37　薛岔滑坡（3）东侧　　　　图 4.38　庙沟乡大台滑坡北
　　边界上的裂缝（D122）　　　　　　边界（WQ001）

4.2.1.4　内部特征

　　A　滑坡体

　　受黄土斜坡地质结构制约，滑坡体主要由黄土状土组成，土体组成单一。滑体在滑动时松动解体，稳定后在重力作用下，又重新压密固结。在钻孔内和冲沟中，可以见到固结混杂的土体。仅在滑坡前缘，出现下部基岩风化壳被错动，可见土石混杂体。由于降水稀少，水土流失严重，滑坡体内一般不含地下水，在滑坡前缘一般也无地下水溢出。

B 结构面与滑带

斜坡结构面主要有节理面与层面两大类。节理面包括原生的垂直节理、构造节理、风化节理、卸荷节理、湿陷节理以及滑坡与崩塌节理面等，主要表现为黄土的垂直节理和卸荷节理。对滑坡而言，节理面主要控制滑坡的后壁拉裂位置，与滑动面关系不大。层面主要有黄土内部层面、黄土与基岩接触层面、与红黏土接触层面三种（见表4.15），层面控制着滑动面的位置，其在黄土中的位置越高，所形成滑坡的规模就越小。

表4.15 滑坡滑动面特征

滑面类型	数量/个	百分比/%	滑床岩性	滑面及滑带特征	滑体特征	典型滑坡剖面及照片图
黄土层内滑坡	37	72.55	以中更新世黄土为主，少量晚更新世黄土；整体坡度一般较大	滑面后部呈直线形、中部及前部呈圆弧形，整体近似圆弧形；滑动土致密，呈层状碎裂块状结构，表面光滑，有擦痕，厚度10~30cm不等	滑体主要由中、晚更新世黄土崩滑堆积物组成，结构零乱，颜色混杂或较均一，呈灰黄色或浅黄色；滑体厚度一般为3~30m	图4.39 图4.40
红黏土顶面滑坡	11	21.57	滑床后部为中更新世黄土，中前部为新近纪红黏土；滑床整体坡度较大	滑面后部较陡，前部稍缓，呈近圆弧形；滑带土呈红褐色~黄褐色，表面光滑，有擦痕，致密，局部呈挤压片层状，厚度10~30cm不等	滑体由中、晚更新世黄土滑坡堆积物组成，可辨层次；滑体厚度一般为10~40m	图4.41 图4.42
土与基岩接触面滑坡	3	5.88	滑床中后部岩性为中、晚更新世黄土，中前部为三叠纪砂泥岩；滑床后部坡度陡峻，中部及前部较平缓，整体坡度较小	滑面中后部呈圆弧形，前部近于水平；滑带土呈褐红色，致密，黄土段呈层状碎裂结构，表面光亮如镜面；部分滑坡滑带处可见泥岩表面光滑擦痕；厚度30~50cm	滑体由中、晚更新世黄土滑坡堆积物及部分风化砂泥岩组成，可辨层次。滑体厚度较薄，一般为5~25m	图4.43 图4.44

滑带埋藏于滑体之下，调查中仅在一些滑坡前缘断面处可见其露头。滑带是整体移动的滑体与稳定的滑床间形成的一个错动的滑动空间，据野外所见，在黄土中大多数表现为一个面，较为平直或微显弯曲，滑动面光滑。

据大路沟滑坡（1）勘查显示，滑坡由于规模巨大，滑动面岩性相对复杂，因此，在滑坡体不同部位其滑带土岩性有差异，其岩性大致如下：

（1）大型滑坡体后部，滑带土主要为黄褐色黄土状土（马兰黄土），呈硬塑~可塑状，可见错滑痕迹，局部呈挤压片层状，滑带土厚度一般为 10~20cm；滑面较陡，实测滑面坡度 64°。

（2）滑坡体中前部，滑带土主要为红褐色黄土（离石黄土）、红褐色土（红黏土）与黄褐色土（离石黄土）交错混杂，呈硬塑~可塑状，可见错滑痕迹，滑带土厚度一般为 10~30cm；滑面坡度明显变缓，推测坡度 25°。

（3）前缘西侧滑坡体滑带土为强风化砂岩，局部含碎石（夹砾石），可塑~软塑，挤压错动迹象明显，滑带土厚度一般为 10~40cm；东侧滑带土为红黏土，硬塑，可见滑痕，局部呈挤压呈鳞片状，滑带土厚度一般约为 10cm。

典型滑坡剖面及照片图如图 4.39~图 4.44 所示。

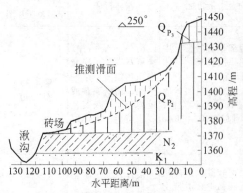

图 4.39　长官庙乡黄岔村湫沟滑坡剖面图

图 4.40　黄岔村湫沟滑坡剪出面（WQ009）

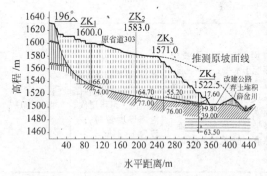

图 4.41　薛岔乡大路沟滑坡（1）剖面图

图 4.42　薛岔乡大路沟滑坡（1）
剪出面（WQ072）

C　滑床

黄土滑床埋藏于滑体之下，两侧冲沟多未切穿，野外露头不明显，仅在前缘侵蚀断面上可见有部分露头。滑床土体部分多呈强烈挤压状，土体结构致密，具明显排列一致的挤压纹理。在周边压力减缓后，纹理张裂，土体破碎，形成可见

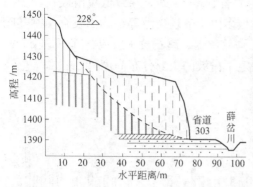

图 4.43 薛岔乡薛岔滑坡（3）剖面图

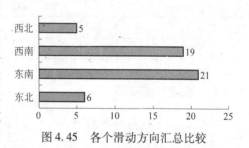

图 4.44 薛岔乡薛岔滑坡（3）剪出面（D122）

厚数十厘米至数米的挤压带。

4.2.1.5 滑动特征

根据 73 处地质灾害隐患点的详细调查，滑坡在滑动方向、运动等有一定的特征，具体如下：

（1）滑动方向。调查区新滑坡较少，调查的滑动特征信息不多。滑坡的滑动方向同斜坡的坡向，区内沟壑纵横，滑动方向在各个方向均有（见表4.16 和图 4.45），但总体显示东南为最优方向，朝南的有 40 处，占总数的 78.4%。

图 4.45 各个滑动方向汇总比较

表 4.16 滑坡滑动方向统计

统计区间/(°)	0 ~ 90（东北）	91 ~ 180（东南）	181 ~ 270（西南）	271 ~ 360（西北）
个数/个	6	21	19	5
比例%	11.76	41.18	37.25	9.80

（2）滑动速度。从已有滑坡特征分析，滑动速度一般较高，属高速滑坡。处于蠕滑阶段的大路沟滑坡（1）等滑速较慢。

（3）滑动启动与运动机制。由于滑坡多属于坡脚遭受流水侵蚀或人工开挖斩坡引起，滑坡的形成机制比较简单，在重力作用下启动，运动机制主要为牵引式，少数为推移式滑坡。

（4）滑坡体分布高度。调查区内滑坡体均为黄土，其分布高程界于 1243 ~ 1660m 之间（见图 4.46 和表 4.17），其中 1400m 以下占 30 处、1600m 以上占 2

处，尤以 1300~1500m 高程段滑坡最为发育，占 34 处。导致低位滑坡往往受河流侵蚀、人工活动等因素影响；高位滑坡多由于节理裂隙等结构面发育切割陡峻边坡而导致；而在 1300~1500m 高程为马兰黄土、离石黄土组成，其下是较为密实的红黏土和砂岩等，因此地层岩性决定了滑坡的主要分布高度。

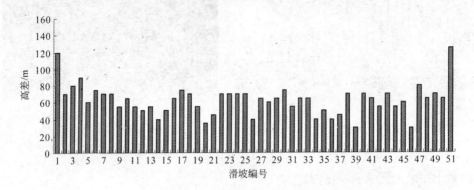

图 4.46　滑坡体高程分布图

表 4.17　滑坡体高程分段统计

高程区间/m	<1300	1300~1400	1401~1500	1501~1600	>1600
数量/个	7	23	11	8	2
占比/%	13.73	45.10	21.57	15.69	3.92

4.2.2　崩塌发育特征

4.2.2.1　形态与规模特征

A　形态特征

调查区内共发育有 17 处崩塌隐患点，平面形态远没有滑坡明显的近似几何形状，多表现为多种弧线围成的封闭不规则形。坡面形态根据《滑坡崩塌泥石流灾害详细调查规范（2008）》可概括为凸形、凹形、直线形、阶梯形，实际调查有凸形和直线形，其他坡形未见；表 4.18 所示是对 17 处崩塌原始坡度的统计，该表说明平均坡度 59.3°，坡面坡度大多在 60°~90°（占 9 处），其崩塌主方向为东南。坡度在 40°~50°区间占 5 处，其崩塌主方向为东北向。

表 4.18　崩塌体原始坡度分段统计

坡度划分/(°)	<40	40~50	51~60	61~70	71~80	81~90
数量/处	2	5	1	5	1	3
占比/%	11.76	29.41	5.88	29.41	5.88	17.65

崩塌（或局部）发生后，在坡脚堆积松散土体，此时坡面形态呈凹形或折

线形、阶梯形。

B 几何特征

在73处地质灾害隐患点中，据17处崩塌实地详细调查资料，对相关数据进行分区和统计，得出长度、宽度和厚度主要集中分布区间，以及最集中分布区，具体如下：

（1）长度。崩塌体长度跨度范围较大，自15～70m都有分布，但主要集中在22～30m之间，有8处，占实地调查崩塌总数的47.1%；长度 $L<20$ m的有2处，占5.9%；$L>60$ m的有1处，占5.9%（见表4.19和图4.47）。崩塌长度最大为70m（庙沟乡楼房掌村田庄组高台畔崩塌，WQ003），最小为15m（吴起镇杨城子村张沟崩塌（1），WQ040），平均长度为34.2m。

表4.19 崩塌体长度分段统计

长度区间/m	<20	21～30	31～40	41～50	51～60	>60
数量/处	2	8	3	2	1	1
占比/%	5.88	52.94	23.53	7.84	3.92	5.88

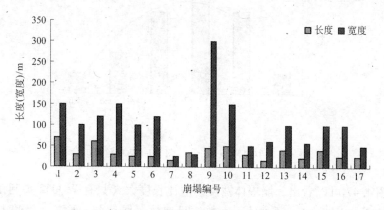

图4.47 崩塌体长度、宽度分布图

崩塌序号与崩塌名称及编号的对应关系见表4.20。

表4.20 崩塌序号对应关系

序号	崩塌编号	滑坡名称	序号	崩塌编号	滑坡名称	序号	崩塌编号	滑坡名称
1	WQ003	高台畔崩塌	7	WQ040	张沟崩塌（1）	13	WQ063	后台崩塌
2	WQ012	阳咀崩塌	8	WQ042	高洼崩塌	14	WQ064	朱寨子崩塌
3	WQ017	史咀崩塌	9	WQ055	燕麦地沟门崩塌	15	WQ069	阳台崩塌
4	WQ032	李乐沟崩塌	10	WQ056	石油子校沟崩塌	16	WQ070	王市湾崩塌
5	WQ033	张渠崩塌	11	WQ057	政府沟崩塌（2）	17	WQ073	大路沟崩塌
6	WQ037	伸角崩塌	12	WQ060	刘庄崩塌			

（2）宽度。崩塌体宽度跨度范围也比较大，在 25～300m 间都有分布。集中在 100～150m 间，有 10 处，占崩塌总数的 58.8%；宽度 $B < 50m$ 的有 2 处，占 11.8%；50～150m 有 14 处，占 82.4%；$B > 250m$ 的有 1 处，占 5.9%（见表 4.21 和图 4.48）。崩塌宽度最大为 300m（洛源街道办宗圪堵村燕麦地沟门崩塌，WQ055），最小为 25m（吴起镇杨城子村张沟崩塌（1），WQ040）；平均宽度 103.7m。

表 4.21　崩塌体宽度分段统计

宽度区间/m	<50	50～100	101～150	151～200	201～250	>250
数量/处	2	9	5	0	0	1
占比/%	11.76	52.94	29.41	0.00	0.00	5.88

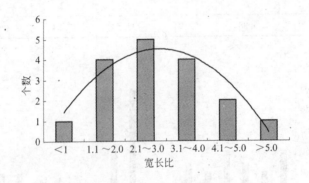

图 4.48　崩塌体宽长比分布图（曲线为趋势拟合）

从图 4.47 可以看出，崩塌体宽度一般比长度大（只有 WQ042 吴起镇中杨青村高洼长度大于宽度），滑坡体平面整体呈扁体、横切椭圆形等，宽度与长度之比与滑坡发生数量具有一定关系（见图 4.48 和表 4.22），倍数关系集中在 1.7～4.0 倍（占 13 处），平均宽度是长度的 3.1 倍，最大者宽度是长度的 6.7 倍（洛源街道办宗圪堵村燕麦地沟门崩塌，WQ055），最小者宽度是长度的 0.9 倍（吴起镇杨城子村张沟崩塌（1），WQ040）。

表 4.22　崩塌体宽长比分段统计

宽长比区间/倍	<1	1.1～2.0	2.1～3.0	3.1～4.0	4.1～5.0	>5.0
数量/处	1	4	5	4	2	1
占比/%	5.88	23.53	29.41	23.53	11.76	5.88

（3）厚度。崩塌体厚度分布范围为 3~15m，主要集中在 5~10m，有 11 处，占实际调查崩塌总数的 64.7%（见图 4.49 和表 4.23）。崩塌厚度最大为 15m（庙沟乡楼房掌村田庄组高台畔崩塌，WQ003），最小为 3m（薛岔乡大路沟崩塌，WQ073）；平均厚度为 7.4m。

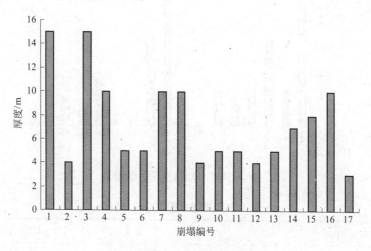

图 4.49　崩塌体厚度分布图

表 4.23　崩塌体厚度分布区间统计

厚度区间/m	<5	5~10	11~15	>15	平均厚度
数量/处	4	11	2	0	7.35m
占比/%	23.53	64.71	11.76	0	

（4）面积和体积。从以上分析看，崩塌体长度主要集中在 22~30m，宽度主要集中在 100~150m，厚度主要集中在 5~10m。宽度最大，长度居中，厚度最小。从崩塌规模看，其大小主要是取决于宽度的变化。规模小的偏窄，规模大的稍宽，面积的增加主要体现在宽度的增加。就以上统计资料的长度、宽度和厚度数据，求得崩塌面积为 $0.03 \times 10^4 \sim 1.22 \times 10^4 m^2$，体积为 $0.2 \times 10^4 \sim 9.4 \times 10^4 m^3$。崩塌体的面积（见图 4.50 和表 4.24）主要集中在 $0.1 \times 10^4 \sim 0.5 \times 10^4 m^2$，占 10 处，最大面积 $1.22 \times 10^4 m^2$（洛源街道办宗圪堵村燕麦地沟门崩塌，WQ055），最小面积 $0.03 \times 10^4 m^2$（吴起镇杨城子村张沟崩塌（1），WQ040），平均面积为 $0.36 \times 10^4 m^2$；而体积（见图 4.51 和表 4.25）主要集中在 $1 \times 10^4 \sim 5 \times 10^4 m^3$，占 8 处，最大体积为 $9.4 \times 10^4 m^3$（庙沟乡楼房掌村田庄组高台畔崩塌，WQ003），最小体积为 $0.2 \times 10^4 m^3$（吴仓堡乡周关村刘庄崩塌，WQ060）；平均体积方量为 $2.50 \times 10^4 m^3$。

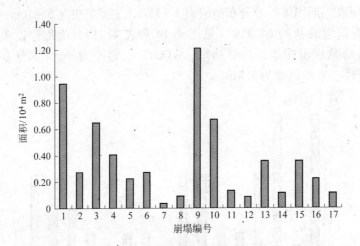

图 4.50　崩塌体面积分布图

表 4.24　崩塌体面积分段统计

面积区间/×10⁴m²	<0.1	0.1~0.5	0.6~1.0	1.1~1.5	>1.5
数量/个	3	10	3	1	0
占比/%	17.65	58.82	17.65	5.88	0

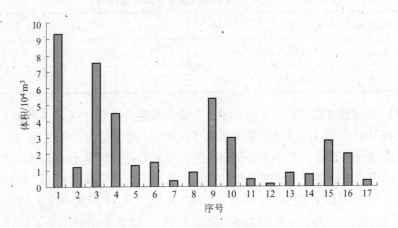

图 4.51　崩塌体体积分布图

表 4.25　崩塌体体积分段统计

体积区间/×10⁴m²	<0.5	0.6~1.0	1.0~5.0	5.1~10.0	>10.0
数量/个	4	3	8	2	0
占比/%	23.53	17.65	47.06	11.76	0

4.2.2.2 成因机制特征

A 崩塌体分布高度

调查区内崩塌体均为黄土，其分布高程界于 1278 ~ 1606m 之间（见图 4.52 和表 4.26），其中 1400m 以下占 9 处、1500m 以上占 6 处，低位崩塌往往受河流侵蚀、人工活动等因素影响而导致；高位崩塌多由于节理裂隙等结构面发育切割陡峻边坡而导致。

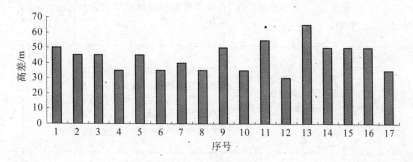

图 4.52 崩塌体高程分布图

表 4.26 崩塌体高程分段统计

高程区间/m	<1300	1300 ~ 1400	1401 ~ 1500	1501 ~ 1600	>1600
数量/个	3	6	2	4	2
占比/%	17.65	35.29	11.76	23.53	11.76

B 崩塌变形破坏模式

黄土崩塌的形成机理包括倾倒式、滑移式、拉裂式和错断式四种（见图 4.53，未见鼓胀式崩塌），各种模式的形成机理见表 4.27。典型崩塌照片图和剖面图如图 4.54 ~ 图 4.61 所示。

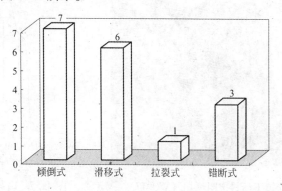

图 4.53 崩塌变形破坏模式分布

表 4.27　区内崩塌形成机理分类说明

崩塌类型	数量/个	坡体岩性	结构面	形成机理	典型崩塌照片图	典型崩塌剖面图
倾倒式	7	黄土和风化破碎砂岩	黄土垂直节理或风化、卸荷节理裂隙面	在陡立或悬空边坡地段，坡体在自重力所产生的倾覆力矩作用下，沿黄土垂直节理或风化、卸荷节理裂隙面以倾倒形式发生破坏	图4.54	图4.55
滑移式	6	黄土和软硬相间砂岩与泥页岩	顺坡向节理面或古土壤层面、顺坡向岩层面	在陡坡地带，由于雨水的入渗侵蚀、软化作用或风化作用，沿顺坡向节理面、古土壤层面或者软硬相间岩层面形成软弱带，坡体发生剪切滑动	图4.56	图4.57
拉裂式	1	陡立、外凸砂泥岩	拉张裂隙或风化裂隙	在拉张力作用下，风化裂隙或拉张裂隙不断扩张"劈裂"岩体，使其逐渐推离母体最终失去平衡发生破坏	图4.58	图4.59
错断式	3	坚硬岩层或黄土	黄土垂直节理面、岩体垂直节理、裂隙面	在直立边坡地段，岩体或黄土重力作用下沿垂直节理或裂隙面产生剪切力，下错发生破坏	图4.60	图4.61

图 4.54　白豹镇王砭村史咀崩塌（WQ017）

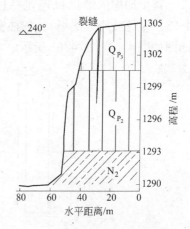

图 4.55　白豹镇王砭村史咀崩塌剖面

图 4.56　薛岔乡大路沟崩塌（WQ073）

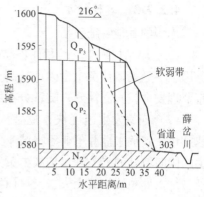

图 4.57　薛岔乡大路沟崩塌剖面

图 4.58　长城乡小河畔村阳台崩塌（WQ069）

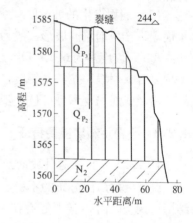

图 4.59　长城乡小河畔村阳台
崩塌剖面

图 4.60　吴起镇中杨青村高洼崩塌（WQ042）

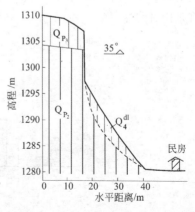

图 4.61　吴起镇中杨青村高洼崩塌剖面

4.2.2.3　其他特征

崩塌的其他特征包括：

（1）崩塌规模小，堆积体不易保存。本次实地调查 17 处崩塌隐患点。调查原因：一是崩塌体黄土含砂量较高，往往坠落破碎，不易长期保存；二是黄土垂直节理发育，直立性好，陡壁分布广泛，微、小型崩塌比比皆是。

（2）崩塌发生速度快，危害大。崩塌规模虽无大型，但是由于瞬间发生，速度快，其危害性并不亚于滑坡。由黄土固有的垂直节理以及斜坡变形过程中产生的倾向坡外的斜节理，构成了黄土体内部的软弱结构面，在重力或外力作用下极易是上部短柱状黄土失去支撑而发生崩塌。2008 年 11 月 30 日上午 10 时左右，新寨乡石台子村修建乡村道路，突发崩塌导致 6 死 1 伤，直接经济损失近 40 万元。

（3）崩塌发生的坡度陡，变形破坏模式多样。本次调查 17 处崩塌，皆为黄土崩塌，产生崩塌的坡形一般为凸形或直线形，坡顶高程在 1278～1606m，坡高 10～70m，坡度多为 60°～90°。在黄土崩塌形成过程中可有几种变形破坏方式，呈现复合式崩塌，尤其是斜坡在拉裂式崩塌变形后可进一步发展转变为倾倒式崩塌，错断式崩塌变形后可进一步发展转变为滑移式崩塌。

4.2.3　不稳定斜坡发育特征

4.2.3.1　不稳定斜坡的规模特征

调查区内广泛分布的不稳定斜坡均为黄土斜坡，结构类型均属于近水平层状结构。调查区内共有 4 处潜在不稳定斜坡，其坡度 34°～40°，长度 50～200m，宽度 90～350m，厚度 15～40m，面积 $0.41 \times 10^4 \sim 6.3 \times 10^4 \mathrm{m}^2$，体积 $10.8 \times 10^4 \sim 196 \times 10^4 \mathrm{m}^3$，不稳定斜坡的主要特征如图 4.62 和图 4.63 所示，发育规模特征见表 4.28；不稳定斜坡坡形以凸形为主，潜在危害一般不大，诱发因素清楚、宏观前兆相对明显。

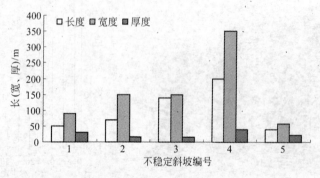

图 4.62　不稳定斜坡长宽厚分布

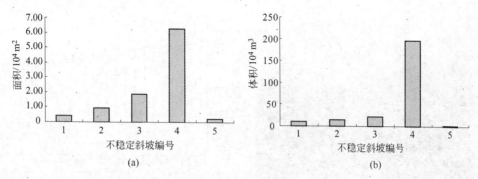

图 4.63 不稳定斜坡面积、体积分布图

(a) 面积分布;(b) 体积分布

表 4.28 不稳定斜坡发育规模特征

序号	编号	名 称	长度 /m	宽度 /m	厚度 /m	面积 /10⁴m²	体积 /10⁴m³	方向 /(°)	坡度 /(°)
1	WQ002	会庄不稳定斜坡	50	90	30	0.405	10.8	168	34
2	WQ034	陈岔不稳定斜坡	70	150	15	0.945	14.3	60	40
3	WQ053	杏树沟门不稳定斜坡	140	150	15	1.89	21	135	34
4	WQ065	背台不稳定斜坡	200	350	40	6.3	196	293	35
5	WQ074	袁和庄不稳定斜坡	40.6	58	21.6	0.22	1.4	295	32

4.2.3.2 趋势发展特征

不稳定斜坡只是对斜坡的稳定性做出不稳定的基本判断,对其变形破坏的模式并没有给出确定的结论。由于控制和诱发斜坡变形与破坏的因素很多,而且这些因素具有不确定性,所以,斜坡是否一定就发生破坏及其破坏的方式也是不确定的。结合实际调查情况(见图 4.64 ~ 图 4.73),不稳定斜坡的发展趋势一般有两种:其一是斜坡变形破坏后失稳,发生崩塌或滑坡;其二是持续变形而较长时间不破坏、维持不稳定状态。

A 斜坡失稳演变为崩塌或滑坡

不稳定斜坡中的节理裂隙继续扩展成为裂缝、顺坡走向卸荷裂隙发育、斜坡后缘已产生拉裂缝等,这些结构面继续扩展、连接、贯通破坏斜坡的整体稳定性从而导致斜坡失稳,一般表现为崩塌或滑坡。据调查分析,调查区内的 4 处不稳定斜坡隐患点中庙沟乡大岔村会庄不稳定斜坡(WQ002)和洛源街道办杏树沟门不稳定斜坡(WQ053)最终可能以滑坡形式失稳破坏;王洼子乡陈岔不稳定斜坡(WQ034)最终可能以崩塌形式失稳破坏。

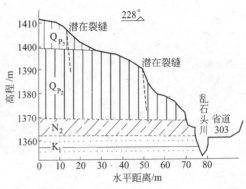

图 4.64　吴仓堡乡背台不稳定
斜坡（WQ062）

图 4.65　吴仓堡乡背台不稳定斜坡剖面

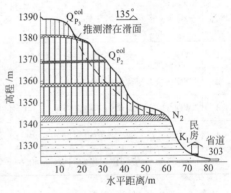

图 4.66　洛源街道办杏树沟门不稳定
斜坡（WQ053）

图 4.67　洛源街道办杏树沟门不稳定
斜坡剖面

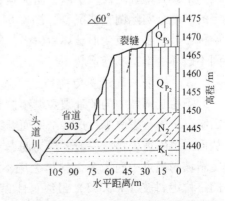

图 4.68　王洼子乡陈岔不稳定斜坡（WQ034）

图 4.69　王洼子乡陈岔不稳定斜坡剖面

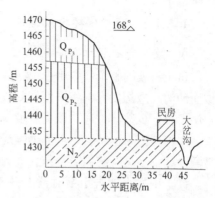

图 4.70 庙沟大岔村会庄不稳定
斜坡 (WQ002)

图 4.71 庙沟乡大岔村会庄不稳定
斜坡剖面

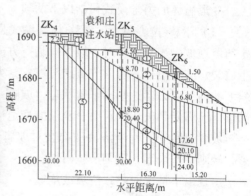

图 4.72 白豹镇袁和庄不稳定
斜坡 (WQ074)

图 4.73 白豹镇袁和庄不稳定斜坡剖面

B 持续累计变形维持不稳定状态

斜坡在演变过程中，会出现不同形式、不同规模的变形与破坏，斜坡的稳定和不稳定状态是斜坡动态平衡的阶段性表现，稳定是相对的，不稳定是绝对的，在诱发因素尚未达到一定程度前，这种临界平衡还可以继续保持较长时间。调查区目前所见的斜坡大多都经历了较长时间的考验，处于动态平衡中，在没有外界因素促使其变形加速破坏时斜坡本身的变形在斜坡体中逐渐累积，斜坡暂时处于相对稳定状态，即此时斜坡处于量变过程，只有发展到质变时斜坡便失稳破坏。一旦发生在人类活动区域，也就产生了地质灾害，造成人员伤亡或财产损毁。调查区内的 4 处不稳定斜坡隐患点中吴仓堡乡背台不稳定斜坡（WQ065），由于裂缝发展缓慢，还未形成贯通破坏性结构面，因此处于相对稳定状态，在一定时间内维持不稳定状态。

4.2.3.3　变形破坏模式特征

A　黄土斜坡岩土结构类型

黄土斜坡的整个斜坡由中-晚更新世黄土组成，坡高数十米，坡度34°~40°。坡面冲沟、悬沟发育，将坡面切割成数米至数十米宽度不等的坡段。局部坡段落水洞发育，少数已贯通。该类斜坡位置大多处于沟谷的中上游，特别是上游及源头。沟谷切深未达基岩，坡脚继续受到流水的侵蚀切割。由于坡度大，便于开挖窑洞，其下多见有窑洞群分布，多为群众聚居地。

黄土中发育的古土壤对黄土斜坡的稳定性具有较大影响，特别是与坡向较为接近的倾斜古土壤，常常成为黄土中的软弱结构面，对斜坡的稳定性影响较大。

B　变形破坏的力学模式

变形破坏的力学模式包括以下两项：

（1）滑移-拉裂模式。滑移-拉裂模式是区内斜坡变形破坏最普遍的模式。黄土斜坡在坡脚遭受破坏时，坡体向临空方向发生剪切蠕滑，斜坡后缘自上而下发生拉裂，破坏模式一般形成黄土滑坡，其力学机制称为牵引式滑坡。天然状态下斜坡的内部应力已达基本平衡状态，坡脚是多种应力集中和整个斜坡最为敏感的部位，坡脚受到破坏，对整个斜坡的稳定性影响最大。沟谷内流水冲刷侧蚀、人类斩坡和筑窑等工程经济活动都会对坡脚产生破坏，引起斜坡产生滑移-拉裂变形，轻则引起崩塌，重则产生滑坡。

出现以下情况时导致滑坡或崩塌：

1）降雨在地表汇集，沿落水洞、宽大节理裂隙贯入，在红黏土或古土壤层上形成局部地下水，降低了弱透水层之上黄土的强度。在重力作用下，斜坡体沿下部层面向坡前临空方向产生缓慢的蠕滑变形滑移，沿平缓层面形成滑移面，沿上部黄土垂直裂隙形成拉裂面，形成黄土滑坡或崩塌。

2）水库近区的黄土斜坡，由于水库长期渗漏，导致红黏土或基岩面之上黄土含水量增高甚至饱和，形成黄土滑坡或崩塌。这两种情况下斜坡内部软弱结构面处自下而上发展，形成滑移-拉裂变形破坏模式，一般形成黄土滑坡，其力学机制称为推移式滑坡。

调查区内的4处不稳定斜坡隐患点中庙沟乡大岔村会庄不稳定斜坡（WQ002）属于此模式，斜坡后缘自上而下发生拉裂形成黄土滑坡，其力学机制为牵引式滑坡；洛源街道办杏树沟门不稳定斜坡（WQ053），在重力作用下，坡体沿下部层面向坡前临空方向产生缓慢的蠕滑变形滑移，沿平缓层面形成滑移面，沿上部黄土垂直裂隙形成拉裂面，发育有落水洞、宽大节理裂隙，在降雨等因素下，雨水下渗降低了黄土强度、增加了黄土质量，斜坡内部软弱结构面处自下而上发展形成黄土滑坡，其力学机制为推移式滑坡。

（2）弯曲-拉裂模式。黄土特性之一就是垂直节理发育，特别是在高陡斜坡的边缘，临空面大，局部土体极易沿垂直节理呈柱状或墙状与斜坡分离。在风化作用下，发生弯曲-拉裂变形，节理面日益加深扩大，分离的土体与斜坡的联系越来越弱，当重心偏离到一定程度时，最终导致斜坡破坏，形成倾倒式崩塌。当分离土体与斜坡的联结不足以支撑其质量时，沿垂向错断崩落就形成错断式崩塌；沿斜面滑下就形成滑移式崩塌，当然，其变形破坏模式也发生了转化或复合。

调查区内的 4 处不稳定斜坡隐患点中王洼子乡陈岔不稳定斜坡（WQ034）和吴仓堡乡背台不稳定斜坡（WQ065），原生黄土节理发育，在风化等因素下加速变形，节理面日益加深扩大，分离的土体与斜坡的联系越来越弱，最终趋势将形成倾倒式（错断式）崩塌。

4.2.4　泥石流发育特征

调查区地处黄土梁峁沟壑区，黄土分布广泛，层厚而结构疏松，地形破碎而坡陡沟深，暴雨集中而强度大，为泥流形成提供了固体物源、地形、水源三项基本条件。在沟壑区，饱含水分的滑塌土体，在下滑途中经揉皱扰动，往往演变成泥流；大暴雨积聚成的洪水冲刷沟床上及沟谷坡上堆积的疏松土体也能形成泥流。黄土高原的泥流按其物理力学性质特征可以分为稀性泥流、黏性泥流和塑性泥流 3 种（中国科学院兰州冰川冻土研究所等，1982）。区内大量的崩滑坡积物或人工弃土弃渣堆堵于沟道中，成为泥流的丰富固体物源，在暴雨激发下形成泥流灾害。

区内滑坡、崩塌发育，暴雨次数多，强度较大，各条大小沟谷内泥流多发生于每年的 6～10 月夏秋两季暴雨期。密布的支沟洪流向主沟、大河汇集形成洪水泥流，常淤积水库、溃堤、毁坝、淹埋农田造成严重灾害损失。另外，区内各乡镇支沟中建有大量淤地坝，具有防治水土流失及泥流、淤积成良田的功能（如吴仓堡乡丈方台村孙台水库，见图 4.74），但许多淤地坝建设标准低，多为土坝体，年久失修，一旦被洪水泥流冲毁易形成溃决型泥流。

根据以人为本的原则，本次调查仅发现洛源街道办旧居巷政府沟具有发生泥流的可能。政府沟沟谷呈 V 形，汇集了 4 条小冲沟的流水，沟内地形坡度平陡不一。沟内堆积切坡建窑弃土弃渣，松散物储量 $0.5 \times 10^4 \sim 1 \times 10^4 m^3$，构成了泥流的物质来源（见图 4.75）。根据实际调查，政府沟泥流属中易发泥流。

图 4.74　吴仓堡丈方台村孙台水库　　图 4.75　洛源街道办政府沟泥流（WQ049）

4.3　地质灾害稳定性与危害性

4.3.1　地质灾害稳定性分析

4.3.1.1　典型地质灾害点稳定性评价

吴起县境内以滑坡和崩塌两种地质灾害为主，遍布全县，尤以滑坡最具代表性。吴起县境内滑坡的诱发因素主要有降雨、地震、人工活动，滑动机理以牵引式滑坡为主。本节选取 3 处地质灾害勘查点进行了定性分析和稳定性定量分析，评价地质灾害点的稳定性。

A　大路沟滑坡（1）（WQ072）

a　滑坡基本情况

大路沟滑坡（1）位于薛岔乡东边大路沟自然村的北侧高陡黄土梁南侧，为一大型黄土滑坡，改建 303 省道公路从滑坡前缘通过，原 303 省道穿过滑坡体中上部。地理坐标为 108°28′34″E、36°58′01″N，后壁高程为 1630m。滑坡体高程为 1505～1630m，高差 125m；滑坡长约 350m（南北方向）、前缘宽约 380m、中部宽约 520m、后缘宽约 400m（东西方向），平面面积约 $15.2 \times 10^4 m^2$；滑坡体体积约 $856.8 \times 10^4 m^3$，主滑方向为 196°。

b　滑坡变形破坏特征

大路沟滑坡（1）属老滑坡。由于受工程开挖的影响，2007 年 6 月出现整体复活，发生后部张拉下错、前部推挤的整体移动，受降雨等条件影响变形活动还在加剧。由于该滑坡规模巨大，且直接威胁省级公路（改建 S303 路段）安全性和周围居民的生命财产安全，危害程度重大。

大路沟滑坡（1）地形陡峻、北高南低，被两条冲沟分割成三部分，东、西两部分较小，中部大。大路沟河由东向西从滑坡前缘流过，沟谷切割深度大，呈深窄的 V 形断面。滑坡体后壁呈明显的圈椅状,滑坡体中上部为多级梯田,中下部人工开挖成 11 级台阶,台阶高度、宽度不等,纵坡度总体约 30°。该滑坡为土质切层滑坡,后缘陡坎和张拉裂隙清晰,可见新擦痕和下错痕迹。在滑坡体中上部可见次级滑动面、成串分布的落水洞、滑坡牵引错动裂缝等表征现象。

c   滑坡稳定性定性分析

根据野外调查可知,大路沟滑坡(1)属大型黄土滑坡,实际调查在滑坡前缘揭露滑面,并且滑坡周界清楚。从钻探结果来看,滑面附近土层出现红色风化泥岩与黄色土混杂现象,且湿度大;滑面不是单一弧面,而是具有一定厚度的滑动带,羽裂状错动,挤压揉皱明显。从滑坡坡体地形地貌特征、地层岩性、土层结构、变形破坏特征和变形破坏标志来综合分析,其变形破坏模式为"下部推挤变形-中部'顺层'滑动-上部拉裂下陷",应为推移式滑动机制。综合分析认为,大路沟滑坡(1)处于极限平衡状态,在强降雨、人工影响等因素作用下可诱发进一步下滑。综合分析认为大路沟滑坡(1)处于极限稳定状态。

d   灾点稳定性定量计算

本次对大路沟滑坡(1)进行了详细勘查,共布置了一条勘探剖面线,施工钻孔 4 眼,总进尺 290.5m,完成槽探土方量 27m³,取土样 74 件来进行土体物理力学性质指标测试。同时在滑坡前缘进行了 3 组原位剪切实验,测得滑带土的天然残剪强度参数和饱和残剪强度参数。

该滑坡稳定性定量评价是按土体莫尔强度理论及斜坡运动力学平衡原理,利用剩余推力法来验算滑坡体稳定性的。具体计算过程如下:

(1)计算模型。根据前述滑坡体岩性主要为黄土状土(见图 4.76),可认为

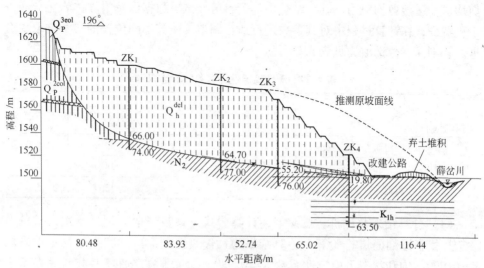

图 4.76   滑坡稳定性计算地质剖面

滑坡土体为均质土体,按圆弧线滑动法对滑坡进行稳定性验算(见图 4.77)。据勘查资料,在滑坡体上发育有两条小型冲沟,将滑坡体分为东、中、西三部分,其中中间部分是滑坡的主体,因此勘查钻孔布置在此位置,稳定性验算取此剖面。

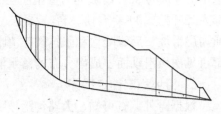

图 4.77　滑坡稳定性计算模型

在定量验算过程中对滑坡土体进行条块划分时主要考虑了以下原则:

1)在主滑方向地质剖面上按滑动面产状(倾角)相对变化将剖面划为若干个条块。

2)在同一条块内考虑滑体地面起伏情况,再进一步划分条块,以准确计算条块体积。

3)在划分条块时,还考虑滑体岩性分布特点及地下水位埋深等因素。

(2)计算公式。滑坡稳定性验算采用《滑坡防治工程勘查规范》(D/ZT0218—2006)中附录 E 滑坡稳定性评价和推力计算公式 a)滑坡稳定性计算公式 E.1 及 b)滑坡推力计算公式 E.7。

(3)计算参数。按上述公式和条件进行滑坡稳定性验算时,其计算参数选取原则如下:

1)重度 γ 选取:天然状态条件下,重度 γ 取其试验值的加权平均值 18.5kN/m³;饱和状态条件下,重度取其饱和重度 γ_{sat} 加权平均值 20.5kN/m³。

2)抗剪强度选取:对滑带土的抗剪强度的选用是以各钻孔土试样实测残余剪均值、重塑剪均值为基础,结合搜集资料剪切试验数据以及滑坡体岩土分布等工程特征,在计算过程中对其参数进行适当调整,使其不同位置的参数选取更合理。各剖面参数选取详见表 4.29。

表 4.29　滑坡稳定性计算参数的选取

计算剖面位置	参　数	容重 γ /kN·m⁻³	容重 γ_{sat} /kN·m⁻³	抗 剪 强 度	
				C/kPa	φ/(°)
代表性剖面	滑面为黄土与黄土	18.5	20.5	12.0	18.0
	滑面为黄土与红黏土			14.0	14.0
	滑面为黄土与黏土混合			13.0	16.0

(4)计算结果及评价。按照上述计算公式及参数选取原则对本次勘查的滑坡选择代表性剖面进行验算。验算结果为:代表性剖面天然状态下稳定性系数 $K = 0.999$,饱和状态下稳定性系数 $K = 0.980$,七度地震条件下稳定性系数 $K = 0.905$,滑坡体处于不稳定状态。

综上，滑坡的定量分析结果与定性分析结果一致。

B　袁和庄不稳定斜坡

a　不稳定斜坡基本情况

袁和庄不稳定斜坡位于白豹镇袁和庄村吴起第二采油厂袁和庄注水站西侧，发育于袁和庄注水站黄土峁西侧斜坡，坡顶为矿区内某油井注水站，北侧紧邻该油井场区，场地呈东高西低之势，属于典型的黄土峁地貌。整个坡体为微凸形，坡度32°，坡体上部覆盖人工填土，坡高约21.6m，潜在破坏主方向约295°，长度40.6m，宽度58m，坡体体积约1.4×10⁴m³。

b　不稳定斜坡变形破坏特征

坡体是在原峁边的基础上，修建注水站平台时经开挖推平的土体堆弃形成，斜坡在降雨、重力及附近人为活动等因素的作用下随时有可能出现滑坡破坏，从而威胁到坡顶注水站、邻近油井场区及驻站人员的生命财产安全。注水站场区黄土湿陷性较为严重，场区地基在浸水情况下发生湿陷，引起地面沉降变形，调查发现斜坡坡肩处出现长达10m的裂缝、局部出现深达0.5m的塌陷洞、厂房内部出现沉降裂缝，对注水站安全造成严重威胁。

c　不稳定斜坡稳定性定性分析

袁和庄注水站边坡人工填土层较为疏松，易形成较好渗水通道，水渗入后，将大幅降低土体强度，形成滑坡控制面，从而导致边坡发生失稳破坏。边坡及邻近场区未发现排水系统，地表水直接入渗至坡体后无法排出，另外厂房内部主要安装的注水管道、地下水管道较多、极易造成水流入渗，两部分水囤积在坡体内部逐步软化土体，降低土体强度。坡顶产生的裂缝、塌陷洞等表明斜坡已经处于变形加剧阶段，由于未见贯通性破坏面，因此目前以局部破坏为主。

d　稳定性定量计算

稳定性定量计算过程如下：

（1）计算模型。本处边坡属一般土质边坡（见图4.78），适宜采用圆弧滑动分析坡体稳定性。采用瑞典条分法切割条块，计算精度可满足工程设计要求，其稳定系数见式(4.1)~式(4.4)。

$$K_s = \frac{\Sigma R_i}{\Sigma T_i} \tag{4.1}$$

式中　K_s——滑坡稳定系数；

　　　ΣR_i——各滑块沿圆弧滑面的抗滑力；

　　　ΣT_i——各条块沿圆弧面的滑动力。

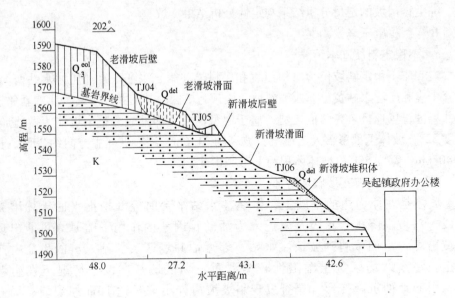

图 4.78　后山滑坡地质剖面

$$R_i = N_i \tan\phi_i + C_i L_i \tag{4.2}$$

$$N_i = (W_i + W_{bi})\cos\alpha_i \tag{4.3}$$

$$T_i = (W_i + W_{bi})\sin\alpha_i \tag{4.4}$$

式中　C_i——第 i 计算条块黏聚力标准值，kPa；

　　　ϕ_i——第 i 计算条块摩擦角标准值，(°)；

　　　L_i——第 i 计算条块的滑面长度，m；

　　　α_i——第 i 计算条块的倾角，(°)；

W_i，W_{bi}——第 i 计算条块单位宽度岩土体自重，kN/m；

　　　R_i——第 i 计算条块上的抗滑力，kN/m。

计算时作如下假设：

1）每个条块均为刚体，不考虑条块之间的挤压力。

2）条块之间只传递推力不传递拉力，即不会出现条块之间的拉裂。

3）不考虑条块之间的摩擦力。

（2）参数选取。边坡由黄土状土组成，土层重度 γ 据土工试验所获取的原状土天然重度平均值 17.4kN/m³；据土工试验结合当地经验参数黏聚力 $C = 28$kPa、内摩擦角 $\varphi = 20°$。

（3）计算结果及评价。计算剖面选取Ⅰ—Ⅰ′，Ⅱ—Ⅱ′，Ⅲ—Ⅲ′地质剖面，计算结果见表 4.30。由稳定性计算结果可知，大部分坡体现均处于极限稳定状态，中间位置先出现局部破坏的可能性较大。

表 4.30 袁和庄不稳定斜坡稳定性计算评价

剖面名称	天然状态下稳定系数	饱和状态下稳定系数	稳定性评价
Ⅰ—Ⅰ′剖面	1.449	1.336	稳 定
Ⅱ—Ⅱ′剖面	1.100	1.030	极限稳定
Ⅲ—Ⅲ′剖面	1.449	1.295	稳 定

综上，袁和庄不稳定斜坡的稳定性定量分析与定性分析结果是一致的。

C 吴起镇后山滑坡

a 滑坡基本情况

后山滑坡位于吴起镇镇政府大楼的后面，发育在后山老滑坡的中前部，属古滑坡体上人工切坡引发的次生浅层滑坡，类型为牵引式滑坡，坡高 80~95m，坡度为 33°~38°。地理坐标 108°12′52″E、36°55′23″N。后缘高程为 1587m，滑坡体长 124m，宽 135m，厚约 10m，体积方量约 11.8×10⁴m³，主滑方向 202°，平均坡度 39°。

b 滑坡变形破坏特征

由于坡体前部开挖坡脚形成临空面，老滑坡体中前部于 2005 年秋季产生局部滑动。坡体上部为滑坡堆积层，厚约 2~14m，土体破碎松散，坡体上排水不畅，冲沟、落水洞发育；滑坡体堆积物下部全风化砂岩，呈灰绿色、黄绿色，含水量较大，呈泥状，为明显软弱层，滑坡沿基岩全风化层滑动。

c 滑坡稳定性定性分析

根据野外调查可知，后山滑坡为土质切层滑坡，后缘张拉裂隙清晰，可见新的下错痕迹。原本基本稳定的老滑坡体，由于风化和人工活动，堆积在基岩上的较松散滑坡堆积土朝南侧有很好的临空面，具备滑动空间，而基岩（砂岩）强风化后强度显著降低，在其表面形成了滑面。从滑坡坡体地形地貌特征、地层岩性、土层结构、变形破坏特征和变形破坏标志来综合分析，其变形破坏模式为"下部牵引变形-中部'顺层'滑动-上部拉裂下陷"，应为牵引式滑动机制。综合分析认为，后山滑坡处于极限平衡状态，在强降雨、人工影响等因素作用下可诱发进一步下滑。

d 灾点稳定性定量计算

本次调查对该滑坡进行了勘查，共布设 14 个探井，该滑坡稳定性定量评价是按土体莫尔强度理论及斜坡运动力学平衡原理，利用剩余推力法，来验算滑坡体稳定性的。具体计算过程如下：

（1）计算模型。根据前述滑坡体岩性主要为黄土状土（见图 4.78），可认为滑坡土体为均质土体，按圆弧线滑动法对滑坡进行稳定性验算。据勘查资料，在滑坡体上发育有两条小型冲沟，将滑坡体分为东、中、西三部分，其中中间部分是滑坡的主体，因此勘查钻孔布置在此位置，稳定性验算取此剖面。

在定量验算过程中对滑坡土体进行条块划分时主要考虑了以下原则:

1) 在主滑方向地质剖面上按滑动面产状(倾角)相对变化将剖面划为若干个条块。

2) 在同一条块内考虑滑体地面起伏情况,再进一步划分条块,以准确计算条块体积。

3) 在划分条块时,还考虑滑体岩性分布特点及地下水位埋深等因素。

(2) 计算公式。滑坡稳定性验算采用《滑坡防治工程勘查规范》(D/ZT 0218—2006) 中附录 E 滑坡稳定性评价和推力计算公式 a) 滑坡稳定性计算公式 E.1 及 b) 滑坡推力计算公式 E.7。

(3) 计算参数。按上述公式和条件进行滑坡稳定性验算时,其计算参数选取原则如下:

1) 重度 γ 选取:天然状态条件下,重度 γ 取其试验值的加权平均值 18.5kN/m³;饱和状态条件下,重度取其饱和重度 γ_{sat} 加权平均值 20.5kN/m³。

2) 抗剪强度根据土工试验结果并参考当地实际经验综合选取,黏聚力 C = 24kPa、内摩擦角 φ = 24°。

(4) 计算结果及评价。按照上述计算公式及参数选取原则对本次勘查的滑坡选择代表性剖面进行验算,计算结果见表 4.31。其验算结果为:代表性剖面天然状态下稳定性系数 K = 1.103,饱和状态下稳定性系数 K = 1.034,七度地震条件下稳定性系数 K = 0.985,滑坡体处于极限稳定状态。

表 4.31　后山滑坡稳定性计算评价

剖面名称	天然状态下稳定系数	饱和状态下稳定系数	地震条件稳定系数	稳定性评价
代表剖面	1.103	1.034	0.985	不稳定

综上,滑坡的定量分析结果与定性分析结果一致。

4.3.1.2　调查区地质灾害稳定性定性分析

从上述定量计算与定性分析的结果可知,野外调查所得的定性分析结果与定量计算结果基本一致。由于稳定性定量计算所采用的内聚力及内摩擦角参数较少,且不同的灾害体参数差值也较大,已有的试验难以进行大面积控制性定量评价,因此,对其他主要灾害点只以工程地质类比法进行稳定性判别。

工程地质类比法是把已有的滑坡或边坡的稳定性研究经验应用到条件相似的对象滑坡或边坡的稳定性判定中去。在进行类比时,不但要考虑滑坡或边坡结构特征的相似性,还应考虑促使滑坡或边坡演变的主导因素和发展阶段的相似性。影响滑坡或边坡稳定性的因素可分为地形地貌、地质特征(地层岩性、岩土体结构面特征、构造节理等)、降雨、人类工程活动(开挖、加载、蓄水等)。这些因素对滑坡或边坡的稳定性是相互作用、相互影响的。在这些因素的相互作用下，结合坡体变形特征，判别坡体的稳定性。

调查区内地形地貌主要为黄土沟壑梁峁地貌和梁涧地貌，地貌类型较简单，通过前面对 51 处滑坡、17 处崩塌、5 处不稳定斜坡和 1 处泥流的分析，相似的地形地貌为稳定性评价提供了前提条件。74 处地质灾害均由更新世黄土、新近纪红黏土和白垩纪砂岩（含泥岩）组成，黄土自身强度较低，而红黏土及砂、泥岩的相对隔水和遇水软化、强度降低的性质，使其成为斜坡失稳、发生滑坡、崩塌灾害的易发地层，构成黄土-基岩接触面滑坡的滑床。

调查区岩土体结构面主要是层面（黄土与红黏土层界面、黄土与砂-泥岩层界面、黄土（古土壤）层界面）和滑坡所形成的滑塌节理面、滑面以及坡体内部发育的构造节理面、垂直节理面、裂隙等。由于渗透性的差异，在性质差异较大地层岩性界面上形成了隔水层，汇聚的雨水使得上覆黄土、泥岩软化、泥化，抗剪强度降低，形成软弱带，诱发滑坡的发生；而滑坡体内部发育的滑塌节理面、滑面是诱发滑坡复活或发生滑塌的主要因素。这些结构面的存在对坡体的稳定性有着潜在的威胁，一旦条件成熟，可能引起滑坡或诱发滑坡复活而造成灾害的发生。黄土内部发育的构造节理及垂直节理、裂隙等是黄土边坡失稳的一个重要因素。黄土边坡常常沿这些内部节理面发生破坏，比如居民窑洞发育构造节理，则常常沿构造节理面发生塌窑事故。高陡边坡地带，土体常沿垂直节理发育并形成卸荷裂隙、拉张裂缝，形成危坡，易发生倾倒、拉裂、鼓胀等形式的崩塌灾害。

人类工程活动是诱发地质灾害发生的直接因素。人类工程活动主要以不合理的斩坡、开挖及修建蓄水库为主。在黄土斜坡地带，人工开挖形成高陡边坡，成为地质灾害潜在的隐患地段。由于受地形地貌因素的制约，调查区居民为了居住、生活及经济建设等的需要，工程活动强烈，进行了大量的开挖、斩坡等，造成坡脚应力集中并急剧增大，原有的应力平衡状态遭到破坏而失去平衡，诱发坡体失稳而发生塌方事故。

根据以上因素分析对比，结合野外调查坡体变形迹象及特征，对调查区 74 处地质灾害隐患点进行稳定性判别，其结果见表 4.37，其中不稳定的点 11 处（占 14.9%），较稳定 63 处（占 85.1%）。

4.3.2 地质灾害危害性评估

4.3.2.1 评估标准

调查区内地质灾害的威胁对象包括人口和财产。人口可以直接用数量（人数）来表征；财产包括土地、牲畜、房屋、道路、水库等基础设施。根据实际物价调查资料、参考吴起县生产生活水平，建立主要经济价值评估标准（见表 4.32）。

表 4.32　承灾体经济价值评价标准

类　型		计量单位	价　值	数据来源
土　地	农田、果蔬	元/(亩·年)	500 ~ 3000	访　问
牲　畜	猪、驴、羊、牛等	元/头	600 ~ 2500	访　问
房　屋	土窑	元/间	5000	访　问
	石窑	元/间	15000	访　问
	砖窑	元/间	15000	访　问
	两层砖混平房	元/间	20000	访　问
道　路	国道	万元/km	500	参考资料
	省道	万元/km	350	参考资料
	县道	万元/km	200	参考资料
	乡道，村道（土石路面）	万元/km	50	参考资料

按照受威胁对象的危险程度和易损性，依据标准逐一累加计算。地质灾害灾情与危害程度分级标准（见表 4.33）的规定评估。

表 4.33　地质灾害灾情与危害程度分级标准

灾情（危害）程度分级	死亡人数/人	受威胁人数/人	直接经济损失/万元
一般级（轻）	< 3	< 10	< 100
较大级（中）	3 ~ 10	10 ~ 100	100 ~ 500
重大级（重）	10 ~ 30	100 ~ 1000	500 ~ 1000
特大级（特重）	> 30	> 1000	> 1000

注：1. 灾情分级：即已发生的地质灾害灾度分级，采用"死亡人数"或"直接经济损失"栏指标评估；

　　2. 危害程度分级：即对可能发生的地质灾害危害程度的预测分级，采用"受威胁人数"或"直接经济损失"栏指标评估。

根据上述地质灾害稳定性评价结果和危害程度评价结果的分级情况，并充分考虑以人为本原则，综合分析判别地质灾害危险性，并按表 4.34 所示的标准将地质灾害隐患点的危险性分为危险、次危险和不危险三级。

表 4.34　地质灾害隐患点危险性评价标准

危害分级　　稳定性分级	特重	重	中	轻
不稳定性	危　险	危　险	危　险	危　险
较稳定性	危　险	危　险	次危险	次危险
稳定性好	次危险	次危险	不危险	不危险

4.3.2.2 现状评估

A 滑坡

根据收集滑坡资料，以及本次实地调查结果（见表 4.35），调查区近些年来有记载的、造成一定经济损失和人员伤亡的滑坡共有 5 处。这 5 处滑坡灾害灾情均为一般级，总共造成 2 人死亡、毁窑 12 孔、掩埋公路 300m，直接经济损失约 68.5 万元。

表 4.35 吴起县地质灾害现状评估

序号	名 称	位 置	地理坐标	类型	规模	灾害损失	灾害程度
1	王庄崩塌	吴起镇张坪村王庄组	东经：108°15′22″ 北纬：36°57′29″	黄土崩塌	小型	毁窑 3 孔	一般级
2	上沟崩塌	吴起镇金佛坪村上沟	东经：108°11′58″ 北纬：36°50′45″	黄土崩塌	小型	毁窑 4 孔	一般级
3	张沟崩塌	吴起镇杨城子村张沟组	东经：108°08′31″ 北纬：36°58′22″	黄土崩塌	小型	毁窑 1 孔	一般级
4	斗子洼崩塌	吴起镇杨城子村斗子洼	东经：108°08′27″ 北纬：36°57′42″	黄土崩塌	小型	毁窑 2 孔	一般级
5	王台滑坡	吴起镇王台村王台组	东经：108°15′12″ 北纬：36°59′20″	黄土滑坡	中型	毁窑 2 孔	一般级
6	东园子滑坡（1）	洛源街道办东园子（1）	东经：108°10′26″ 北纬：36°56′30″	黄土滑坡	中型	毁窑 2 孔	一般级
7	湾子渠崩塌	洛源街道办湾子渠	东经：108°10′36″ 北纬：36°55′18″	黄土崩塌	中型	毁窑 8 孔	一般级
8	石油子校沟崩塌	洛源街道办石油子校沟	东经：108°11′07″ 北纬：36°54′53″	黄土崩塌	小型	毁窑 3 孔，死亡 17 人	重大级
9	李渠子滑坡	白豹镇韩台村李渠子组	东经：108°14′32″ 北纬：36°45′28″	黄土滑坡	大型	毁窑 2 孔，死亡 2 人	一般级
10	杏树沟门滑坡（2）	洛源街道办宗圪堵村杏树沟门组	东经：108°12′46″ 北纬：36°55′27″	黄土滑坡	中型	毁窑 6 孔	一般级
11	李乐沟崩塌	王洼子乡寨子湾村李乐沟组	东经：107°45′59″ 北纬：37°05′42″	黄土崩塌	中型	毁窑 5 孔	一般级
12	五里涧崩塌	铁边城镇南庄畔村五里涧组	东经：107°48′35″ 北纬：36°53′32″	黄土崩塌	中型	毁窑 5 孔，死亡 3 人	较大级
13	刘台崩塌	铁边城镇张户岔村刘台组	东经：107°44′25″ 北纬：36°58′49″	黄土崩塌	中型	毁窑 4 孔	一般级

序号	名　称	位　置	地理坐标	类型	规模	灾害损失	灾害程度
14	郑涧崩塌	铁边城镇海眼沟村郑涧组	东经：107°43′12″ 北纬：36°53′57″	黄土崩塌	中型	毁窑 4 孔	一般级
15	守暴城崩塌	新寨乡王河村守暴城组	东经：108°03′38″ 北纬：36°57′57″	黄土崩塌	中型	毁窑 1 孔	一般级
16	石台子崩塌	新寨乡石台子村道路边	东经：107°59′09″ 北纬：37°01′02″	黄土崩塌	中型	死亡 6 人伤 1 人，掩埋公路 300m	较大级
17	井沟崩塌	五谷城乡桐寨村井沟	东经：108°24′53″ 北纬：37°08′27″	黄土崩塌	中型	毁窑 4 孔	一般级
18	柳树沟崩塌	五谷城乡五谷城村柳树沟	东经：108°19′43″ 北纬：37°06′52″	黄土崩塌	中型	毁窑 3 孔	一般级
19	贺沟崩塌	薛岔乡贺沟村	东经：108°09′30″ 北纬：36°56′09″	黄土崩塌	中型	毁窑 4 孔，死亡 5 人伤 4 人	较大级
20	沙集滑坡（1）	薛岔乡沙集村 303 公路北侧	东经：108°19′13″ 北纬：36°59′37″	黄土滑坡	大型	掩埋公路 300m	一般级
合计	5 滑坡 15 崩塌；小型 5 处、中型 13 处、大型 2 处					毁窑 63 孔，死亡 34 人、伤 5 人，掩埋公路 600m	

B　崩塌

据收集查访的崩塌调查资料，以及本次实地调查结果（见表 4.35），调查区内共发生有记载的崩塌灾害 15 处，其灾情重大级 1 处，较大级 3 处，一般级 11 处，死亡 32 人、伤 5 人、毁窑（房）51 孔（间），掩埋公路 300m，直接经济损失为 66.5 万元。区内崩塌具有规模小、突发性强、危害大的特点，并且发生频率高，应引起足够重视。

其他灾害未见记载，野外调查也未发现。

4.3.2.3　预测评估

地质灾害危害性预测评估就是对可能危及居民生命财产安全、工程建设的地质灾害的危害性做出评估。本次评估分滑坡、崩塌、不稳定斜坡以及泥石流四种类型，对其危害性进行预测评估。评估内容主要是受威胁人数以及由于财产损毁而可能造成的潜在经济损失。根据表 4.34 评估 74 处地质灾害点受威胁人数或潜在直接经济损失，确定其危害性，评价结果见表 4.36 和图 4.79；灾害点预测评估结果统计见表 4.37。

表 4.36 地质灾害危害性预测评估

序号	编号	名 称	坐 标	稳定性	危害程度	危险性	威胁对象	直接损失/万元
1	WQ001	大台滑坡	107°48′52″E，36°49′18″N	不稳定	中	危险	4 户 21 人 14 窑	14.00
2	WQ002	会庄不稳定斜坡	107°48′01″E，36°50′16″N	稳定性较差	重	危险	28 户 131 人 54 窑	54.00
3	WQ003	高台畔崩塌	108°01′47″E，36°53′35″N	较稳定	轻	次危险	砖场设备及工人	100.00
4	WQ004	柳沟滑坡	108°01′15″E，36°52′01″N	较稳定	中	次危险	2 户 13 人 9 窑	9.00
5	WQ005	二虎圪崂滑坡（3）	108°02′37″E，36°52′52″N	较稳定	轻	次危险	2 户 9 人 6 窑	6.00
6	WQ006	中山滑坡	107°46′51″E，36°52′35″N	较稳定	轻	次危险	1 户 6 人 5 窑	5.00
7	WQ007	砂石河湾滑坡	108°05′31″E，36°53′10″N	不稳定	中	次危险	4 户 20 人 22 窑	22.00
8	WQ008	梨树掌滑坡	107°54′39″E，36°45′15″N	不稳定	中	次危险	坡上住户 3 户 15 人 13 窑	13.00
9	WQ009	湫沟滑坡	108°00′35″E，36°46′10″N	较稳定	中	次危险	砖厂及职工	100.00
10	WQ010	韩岔滑坡（1）	107°59′30″E，36°43′50″N	较稳定	中	次危险	农田 3 亩、油井 3 口	1.20
11	WQ011	韩岔滑坡（2）	107°59′43″E，36°44′15″N	较稳定	重	危险	石油 1905 基地及 8 间厂房	100.00
12	WQ012	阳咀崩塌	107°56′54″E，36°46′18″N	较稳定	轻	次危险	2 户 6 人 5 窑	5.00
13	WQ013	曹渠滑坡	107°46′57″E，37°00′47″N	较稳定	轻	次危险	2 户 7 人 8 窑	8.00
14	WQ014	许咀滑坡	107°51′29″E，36°59′09″N	较稳定	中	次危险	2 口油井及一个砖场	100.00
15	WQ015	张湾子滑坡	107°53′17″E，36°57′46″N	较稳定	轻	次危险	吴定公路 160m	32.00
16	WQ016	林沟岔滑坡	107°44′50″E，36°56′10″N	较稳定	中	次危险	2 户 15 人 11 窑	11.00

续表4.36

序号	编号	名　称	坐　标	稳定性	危害程度	危险性	威胁对象	直接损失/万元
17	WQ017	史咀崩塌	108°14′48″E, 36°43′22″N	较稳定	中	次危险	2户14人11窑	11.00
18	WQ018	李砭滑坡	108°13′34″E, 36°40′31″N	较稳定	·中	次危险	3户15人16窑	16.00
19	WQ019	新庄科滑坡	108°47′35″E, 36°46′50″N	较稳定	中	次危险	8户33人28窑	28.00
20	WQ020	李洼滑坡	108°15′11″E, 36°45′40″N	较稳定	轻	次危险	1户6人5窑	5.00
21	WQ021	李渠子滑坡	108°14′32″E, 36°45′27″N	较稳定	轻	次危险	2户6人9窑	9.00
22	WQ022	任渠子滑坡	108°10′37″E, 36°41′11″N	较稳定	轻	次危险	1户8人6窑, 公路100m	26.00
23	WQ023	胡圪崂滑坡（1）	108°13′35″E, 36°44′35″N	较稳定	中	次危险	2户12人11窑	11.00
24	WQ024	胡圪崂滑坡（2）	108°13′41″E, 36°44′42″N	较稳定	中	次危险	8户45人42窑	42.00
25	WQ025	李渠子滑坡	108°14′23″E, 36°45′22″N	较稳定	中	次危险	7户30人39窑	39.00
26	WQ026	姜湾滑坡	108°14′44″E, 36°46′24″N	较稳定	中	次危险	3户16人14窑	14.00
27	WQ027	马营滑坡	108°18′01″E, 36°47′08″N	较稳定	中	次危险	加油站, 住户2户8人11窑	110.00
28	WQ028	朱峁子滑坡（1）	108°15′21″E, 36°48′30″N	较稳定	轻	次危险	公路180m	36.00
29	WQ029	朱峁子滑坡（2）	108°15′22″E, 36°48′22″N	较稳定	轻	次危险	1户5人4窑	4.00
30	WQ030	洞子沟滑坡	108°13′17″E, 36°46′54″N	较稳定	中	次危险	3口油井	150.00
31	WQ031	田咀子滑坡	108°07′27″E, 36°47′46″N	较稳定	中	次危险	3户16人14窑	14.00
32	WQ032	李乐沟崩塌	107°45′57″E, 37°05′27″N	不稳定	轻	危险	1户4人3窑洞	3.00

续表4.36

序号	编号	名 称	坐 标	稳定性	危害程度	危险性	威胁对象	直接损失/万元
33	WQ033	张渠崩塌	107°46′14″E, 37°05′05″N	较稳定	轻	次危险	1户4人4窑洞	4.00
34	WQ034	陈岔不稳定斜坡	107°45′06″E, 37°11′32″N	稳定性较差	轻	次危险	吴定公路180m	36.00
35	WQ035	王洼子滑坡	107°49′30″E, 37°07′10″N	较稳定	重	危险	王洼子乡政府所在地200人	180.00
36	WQ036	木台滑坡	107°54′26″E, 36°56′45″N	较稳定	中	次危险	4户30人28窑	28.00
37	WQ037	伸角崩塌	108°11′24″E, 36°51′16″N	较稳定	轻	次危险	1户2人6窑洞	6.00
38	WQ038	崖窑台滑坡	108°11′50″E, 36°51′35″N	较稳定	中	次危险	4户20人22窑	22.00
39	WQ039	刘砭滑坡	108°15′53″E, 36°52′54″N	较稳定	轻	次危险	1户4人4窑	4.00
40	WQ040	张沟崩塌（1）	108°08′31″E, 36°58′20″N	较稳定	轻	次危险	1户7人3窑	3.00
41	WQ041	后山滑坡	108°12′52″E, 36°55′23″N	不稳定	中	危险	吴起镇政府和新建房屋	500.00
42	WQ042	高洼崩塌	108°12′39″E, 36°52′39″N	较稳定	轻	次危险	1户6人5窑	5.00
43	WQ043	石百万滑坡	108°11′42″E, 36°51′59″N	较稳定	重	危险	吴起县百万吨原油基地	500.00
44	WQ044	炸药库滑坡	108°16′55″E, 36°59′03″N	不稳定	中	危险	吴起县炸药库及建筑物的安全	150.00
45	WQ045	张沟滑坡	108°08′40″E, 36°58′09″N	较稳定	中	次危险	3户11人14窑	14.00
46	WQ046	杨湾滑坡	108°10′54″E, 36°52′31″N	较稳定	轻	次危险	窑洞3户8人11窑	11.00
47	WQ047	前刘渠滑坡	108°11′27″E, 36°53′38″N	较稳定	轻	次危险	3户17人14窑	14.00
48	WQ048	饲养场沟滑坡	108°09′53″E, 36°55′22″N	较稳定	轻	次危险	2户8人5口窑	5.00

续表 4.36

序号	编号	名　称	坐　标	稳定性	危害程度	危险性	威胁对象	直接损失/万元
49	WQ049	政府沟泥石流	108°10′50″E, 36°55′42″N	中等发育	重	危险	巷内 39 户 177 人 224 房（窑）及商店等	434.00
50	WQ050	政府沟滑坡	108°10′54″E, 36°55′37″N	较稳定	轻	次危险	2 户 5 人 5 房	10.00
51	WQ051	鸵鸟台滑坡（1）	108°11′47″E, 36°54′41″N	较稳定	中	次危险	6 户 21 人 23 窑	23.00
52	WQ052	杏树沟门滑坡（1）	108°12′47″E, 36°55′25″N	较稳定	中	次危险	3 户 15 人 20 窑，租赁户 15 人	20.00
53	WQ053	杏树沟门不稳定斜坡	108°12′44″E, 36°55′28″N	较稳定	轻	次危险	2 户 10 人 12 窑	12.00
54	WQ054	合沟口滑坡	108°12′26″E, 36°54′46″N	较稳定	轻	次危险	2 户 9 人 11 窑，一养鸡场	11.00
55	WQ055	燕麦地沟门崩塌	108°11′41″E, 36°54′54″N	较稳定	中	次危险	7 户 30 人窑 14 孔、平房 16 个	46.00
56	WQ056	石油子校沟崩塌	108°11′07″E, 36°54′53″N	较稳定	中	次危险	2 户 11 人 10 窑	10.00
57	WQ057	政府沟崩塌（2）	108°10′31″E, 36°55′39″N	较稳定	中	次危险	5 户 22 人 24 窑	24.00
58	WQ058	东园子滑坡（2）	108°10′23″E, 36°56′30″N	较稳定	中	次危险	6 户 23 人 29 窑	29.00
59	WQ059	东园子滑坡（3）	108°10′28″E, 36°56′40″N	较稳定	中	次危险	303 省道 200 米	60.00
60	WQ060	刘庄崩塌	108°04′27″E, 37°07′08″N	较稳定	中	次危险	省道 303 公路约 70m	21.00
61	WQ061	庙沟岔滑坡（1）	108°03′24″E, 37°04′28″N	较稳定	轻	次危险	1 户 3 人 3 窑 2 电杆，电线 300m，乡村公路 500m	3.30
62	WQ062	背台不稳定斜坡	108°07′58″E, 37°04′60″N	不稳定	轻	次危险	2 户 10 人 9 窑	9.00
63	WQ063	后台崩塌	108°08′20″E, 37°03′44″N	较稳定	轻	次危险	S303 公路 120m	36.00

续表4.36

序号	编号	名称	坐标	稳定性	危害程度	危险性	威胁对象	直接损失/万元
64	WQ064	朱寨子崩塌	108°13′36″E,37°01′28″N	不稳定	轻	较大级	1户4人4窑	4.00
65	WQ065	吴仓堡中学滑坡（1）	108°08′30″E,37°03′28″N	较稳定	重	次危险	中学师生约500人校舍8间	200.00
66	WQ066	会地台滑坡	108°26′11″E,37°14′36″N	较稳定	中	次危险	5户20人18窑	18.00
67	WQ067	西门滩滑坡	108°26′05″E,37°15′10″N	较稳定	中	次危险	9户54人45窑	45.00
68	WQ068	后黄涧滑坡	108°26′44″E,37°14′58″N	较稳定	中	次危险	3户12人15窑	15.00
69	WQ069	阳台崩塌	108°24′36″E,37°16′31″N	较稳定	轻	次危险	2户7人11窑	11.00
70	WQ070	王市湾崩塌	108°24′38″E,37°15′52″N	较稳定	轻	次危险	3户7人12窑	12.00
71	WQ071	邢河滑坡	108°22′04″E,37°09′44″N	较稳定	中	危险	19户90人80窑（房）	80.00
72	WQ072	大路沟滑坡（1）	108°28′26″E,36°57′54″N	不稳定	重	危险	303省道约550m，1户5人6窑，土地约30亩	187.00
73	WQ073	大路沟崩塌	108°27′06″E,36°58′02″N	较稳定	中	次危险	省道303公路约90m	27.00
74	WQ074	袁和庄不稳定斜坡		不稳定	轻	危险	第二采油厂袁和庄注水站的安全	200.00
合计							威胁235户1865人971窑（房），公路1280m，工厂（单位）等14处	4137.5

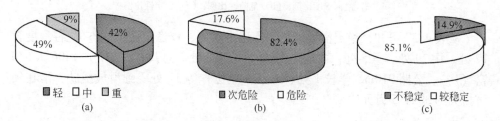

图4.79 灾害隐患点危害性预测评估统计

（a）危害程度比例；（b）危险性比例；（c）稳定性比例

表 4.37　灾害点危害性分类预测评价

类　型	稳定性		危害程度			危险性		威　胁　对　象
	较稳定	不稳定	轻	中	重	次危险	危险	
滑　坡	45	6	17	29	5	43	8	威胁 137 户 1406 人 550 窑（房），公路 910m，学校 1 处，工厂（单位）等 12 处
崩　塌	15	2	13	4		15	2	威胁 29 户 124 人 129 窑（房），公路 190m，工厂 1 处
不稳定斜坡	3	2	1	3	1	3	2	威胁 32 户 151 人 75 窑，公路 180m，工厂 1 处
泥石流	0	1	0	0	1	0	1	威胁 37 户 184 人 217 房（窑及商店）等
合　计	63	11	31	36	7	61	13	威胁 235 户 1865 人 971 窑（房），公路 1280m，工厂（单位）等 14 处

　　A　滑坡

　　区内滑坡可分为古滑坡、老滑坡和新滑坡 3 种类型，这些滑坡在自然和人为因素的双重诱发下，均存在复活及发生的可能性。野外调查滑坡总共有 51 处，其危害性进行预测评估结果统计见表 4.37 和图 4.80。

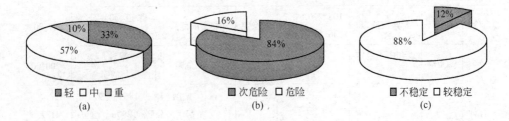

图 4.80　滑坡危害性预测统计

(a) 危害程度比例；(b) 危险性比例；(c) 稳定性比例

　　从表 4.37 可知，稳定滑坡未见、不稳定 6 处、较稳定性 45 处；危害程度轻 17 处、中 29 处、重 5 处；次危险 43 处、危险 8 处。总共有约 137 户 1406 人 550 窑（房）、公路 910m、学校 1 处、工厂（单位）等 12 处受到滑坡威胁，潜在经济损失约 3054.5 万元。

　　B　崩塌

　　调查区地质灾害以黄土滑坡为主，崩塌居次。根据实地调查资料，区内 17 处崩塌隐患中不稳定 2 处、较稳定 15 处。崩塌的形成条件在调查区普遍存在，区内群众建窑洞时一般沿黄土梁、峁边或沟缘下切 8 ~ 10m，切削斜坡形成黄土陡崖，然后在崖下掘土成窑，而且土窑多位于马兰黄土层中，其含砂量高，黏性小，疏松多孔，密实度低，垂直节理发育，强度低，挖掘窑洞使局部土体失去支撑，洞室产生冒顶片帮变形破坏或陡崖面产生崩塌，导致灾害发生，即区内常见的塌窑事故。其危害性进行预测评估结果统计见表 4.37 和图 4.81。

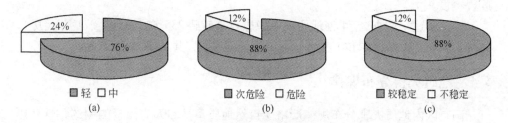

图 4.81 崩塌危害性预测统计
（a）危害程度比例；（b）危险性比例；（c）稳定性比例

这 17 处崩塌隐患点中，不稳定 2 处、较稳定性 15 处；危害程度轻的 13 处、中的 4 处；次危险 15 处、危险 2 处。17 处崩塌隐患点共威胁 29 户 124 人 129 窑（房），公路 190m，工厂 1 处，潜在经济损失约 328.0 万元。

C 不稳定斜坡

不稳定斜坡是一种在斜坡上已经发生裂缝、串状落水洞、局部垮塌陷落等具有明显变形迹象但尚未出现破坏性变形的潜在地质灾害。斜坡坡下多有居民居住或种植庄稼、或为企业生产基地，在长期的变形积累中受诱发因素影响从而构成潜在危害。由于潜在的变化存在许多不确定的因素，尚不能对其未来变化做出准确的预测，因此不稳定斜坡只是对斜坡的稳定性做出不稳定的基本判断。

在详细调查的 5 处不稳定斜坡中，不稳定 3 处、较稳定性 2 处；危害程度轻 1 处、中 3 处、重 1 处；次危险 3 处、危险 2 处。5 处不稳定斜坡威胁 32 户 151 人 75 窑，公路 180m，工厂 1 处，潜在经济损失 311.0 万元（见图 4.82 和表 4.37）。

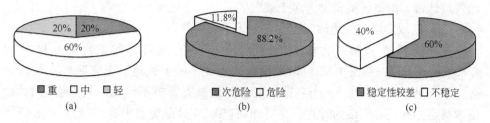

图 4.82 不稳定斜坡危害性预测统计
（a）危害程度比例；（b）危险性比例；（c）稳定性比例

D　泥石流

本次调查仅发现政府沟泥流隐患，且其上游及支沟内建窑活动强烈，开挖边坡较严重，致使泥流的物源量逐渐增加，现威胁沟中下游居民区及沟口县政协等建筑区，潜在威胁 37 户 184 人 217 房（窑及商店）等，威胁资产达434.0 万元。根据地质灾害灾情与危害程度分级标准判别该泥流沟中等发育、危害程度重大。

综上所述，调查区 74 处地质灾害隐患点共威胁 235 户 1865 人 971 窑（房），公路 1280m，工厂（单位）等 14 处，潜在经济损失共计 4127.5 万元。

4.4　地质灾害分布规律

调查区内地质灾害分布规律严格受自然地质条件和人为因素的制约，这些影响地质灾害分布的因素主要有：地层岩性及分布高度和厚度、河流的分布及流向、地形地貌、降雨、人工活动等。它们控制、制约或影响地质灾害的时间、空间分布规律。本区地质灾害受到的影响主要包括以下几个方面：

（1）受地形地貌控制，地质灾害分布在梁峁区远多于梁涧区。

近东西向展布的白于山横亘于县境北部，白于山南北两侧地貌形态有显著差别。白于山以北的周湾、长城两乡镇属黄土梁涧地貌，地势较宽缓，沟谷发育密度为 0.85km/km²，沟谷多呈 U 形，切深 50 ~ 100m，斜坡临空面相对较小，地质灾害发育规模以中、小型居多，而且多发育在周湾水库和边墙渠水库周边一带。地质灾害以滑坡、崩塌为主，在 74 处地质灾害中有 5 处（其中 3 处滑坡、2 处崩塌）发育在黄土梁涧地区。

除以上两乡、镇外，其余 11 个乡镇（含洛源街道办）皆位于白于山以南，为黄土峁梁沟壑地貌。沟谷发育密度为 0.9km/km²。多呈 V 形，切深 150 ~ 200m。梁窄坡陡，临空面大，崩塌、滑坡均很发育，共有地质灾害点 68 处（其中崩塌 48 处、滑坡 15 处、不稳定斜坡 4 处、泥石流 1 处），大型滑坡均发育在此地貌类型区以内。

综上所述，受控制地形地貌有密切的关系，地质灾害主要分布在梁峁和沟壑的斜坡地带。沟壑区地质灾害多于梁涧区。

（2）区域非均布，地质灾害在各乡镇不均衡分布。

吴起县 13 个乡镇（含洛源街道办）均发育有地质灾害（见表 4.38 和图4.83 ~ 图 4.85），从图 4.83 可以看出在调查点多的乡镇地质灾害隐患点数也较多，二者呈正相关。但 13 个乡镇中发育的地质灾害极不均衡，其中以白豹镇、洛源街道办和吴起镇最为发育，在野外调查的 74 处隐患点中有 39 处，各乡镇所占比例如图 4.85 所示，地质灾害最多的是白豹镇，其次是洛源街道办和吴起镇；最少的是周湾镇。

表4.38 吴起县各乡镇地质灾害点分布

乡 镇	面积/km²	调查点/处										共计
		隐 患 点					灾 害 地 质 点					
		斜坡	滑坡	崩塌	泥石流	合计	斜坡	滑坡	崩塌	泥石流	合计	
洛源街道办	41.06	1	9	3	1	14		12	6		18	32
吴起镇	336.64		6	3		9	1	28	6		35	44
白豹镇	478.0	1	14	1		16		4	2		6	21
长官庙乡	244.7		4	1		5		1	1		2	7
庙沟乡	371.7	1	5	1		7		8	1		9	16
铁边城镇	318.7		4			4		0	1		1	5
王洼子乡	289.2	1	1	2		4	1	10	1		12	16
新寨乡	303.5		1			1	2	5	3		10	11
吴仓堡乡	357.4		2	3		5	1	5	6		12	17
周湾镇	238.3					0		2	2		4	4
长城乡	167.7		3	2		5		2	1		3	8
五谷城乡	390.3	1	1			2		4	4		8	10
薛岔乡	254.3		1	1		2		2	1		3	5
总 计	3791.5	5	51	17	1	74	5	83	35	0	123	197

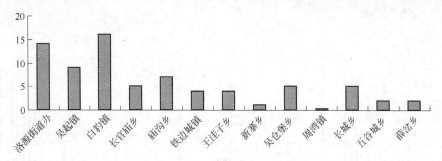

图4.83 吴起县各乡镇地质灾害点分布统计

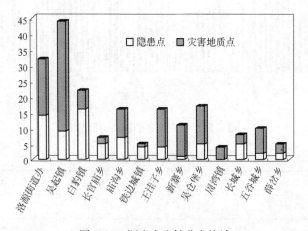

图4.84 调查点乡镇分布统计

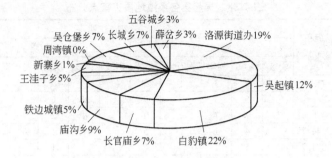

图 4.85   地质灾害隐患点乡镇分布

（3）灾害点随地形高程而变，多数分布在高程为 1300～1500m 的区域内。

调查区内地质灾害点主要发育在黄土土质，其分布高程界于 1243～1660m 之间（见图 4.86 和表 4.39），其中 1300m 以下占 10 处、1600m 以上占 5 处，以 1300～1500m 高程段最为发育，占 47 处（占 63.5%）。而在 1300～1500m 高程为马兰黄土、离石黄土组成，其下为较为密实的红黏土和砂岩等，因此地层岩性决定了灾害的主要分布高度。

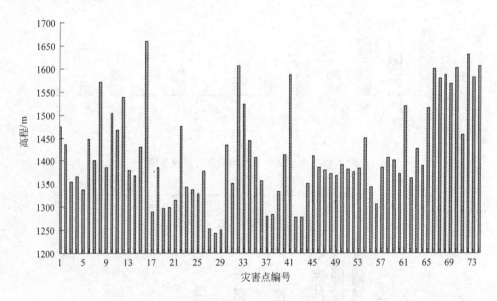

图 4.86   地质灾害隐患点高程分布

表 4.39   崩塌体高程分段统计

高程区间/m	<1300	1300～1400	1401～1500	1501～1600	>1600
数量/个	10	32	15	12	5
占比/%	13.51	43.24	20.27	16.22	6.76

从图 4.86 可以看出，灾害点的高程分布随地形高程趋势而变，左边从白豹镇较低的地区过渡到庙沟、王洼子高地，然后下降至新寨、洛源街道办，最后又上升到薛岔高地，两者具有良好的一致性。

（4）受岩性控制，地质灾害点发育在斜坡高度的 2/3 位置。

吴起县境内地质灾害以黄土滑坡、崩塌最为发育，泥流等仅分布在个别地段。这种状况的形成主要是自从第四纪以来，陕北高原持续抬升剥蚀，区内河流溯源侵蚀强烈，沟谷不断下切，形成沟梁相间、沟深坡陡的地貌格局，峁梁及其斜坡上广为厚层黄土披覆。因而，中、上更新统风积黄土组成的斜坡则成为地质灾害发育的主要地带。核查点中这一分布特征很明显，调查点由于不规范的人类工程活动强度大和降水的诱发，促使黄土地区滑坡、崩塌在斜坡上的发育高度有所降低。

同样受岩性控制，滑坡、崩塌和不稳定斜坡的底限在红黏土、紫红色砂岩，因此其破坏高度在此底线之上。

（5）沿洛河两岸及主要支沟两侧斜坡呈线性分布。

据调查 197 处地质灾害点主要分布在河谷的两侧，且多发生在流水侵蚀作用活跃、谷坡地形突变的地方，河流的支沟分布密度大于主沟，尤其是洛河源头和金佛坪段以及其支流宁赛川、乱石头川、白豹川、杨青川等较大河流的两岸；少数发育在老滑坡（崩塌）体的前缘，表明在一定高差条件下，地形越破碎，崩滑灾害越强烈，在相同切割深度的区域，崩滑灾害发育程度的差异取决于黄土性质和厚度。

因区内滑坡、崩塌分布在河流两岸或沟谷两侧，其分布密度和致灾作用则与河流及沟谷的发育期密切相关。一般在沟谷形成早期，以垂直侵蚀作用为主，沟谷两侧崩塌、滑塌频发，但多数规模较小。壮年期河流进入以侧蚀为主的阶段，风化、卸载作用强烈，处于河流侵蚀岸的斜坡易发生滑坡、崩塌等地质灾害。老年期即成型河谷阶段，如清涧河、清坪川河两岸，自然条件下坡体总体较稳定，在风化和卸载作用下，多形成剥落和局部不稳定。

（6）灾害点在凸形和直线形边坡地段分布相对集中。

崩塌和不稳定斜坡灾害易产生于凸形边坡。调查的 17 处崩塌中，阶梯形坡仅 2 处，直线形 1 处，其余皆为凸形坡；在调查的 5 处不稳定斜坡中，均为凸形坡。由此表明，凸形坡成为不稳定斜坡和产生崩塌的概率明显较高。

滑坡灾害主要发生于凸形、直线形及阶梯形边坡中，调查的 51 处滑坡中，凸形坡为 44 处，直线形坡为 4 处，阶梯形坡为 3 处，凹形仅有 5 处。由此可见，滑坡主要发生于直线形和凸形坡中。

（7）滑坡和不稳定斜坡分布在 30°～40°的斜坡，崩塌分布在 60°以上的斜坡。

　　根据对调查区内灾害点的斜坡坡度调查，统计情况见表 4.40 和图 4.87，发育滑坡的斜坡坡度在 15°~48°，平均坡度 35°，集中分布在 29°~40°（占 33 处，64.7%）；崩塌所在斜坡坡度范围是 40°~88°，平均坡度为 61.7°，集中分布在 65°~88°（见表 4.41 和图 4.88）；不稳定斜坡坡度 32°~40°，平均值为 35°（见图 4.89）。因此灾害随斜坡坡度分布类型不同，斜坡坡度在 30°~40°时易发生滑坡或不稳定斜坡，而 60°以上易发生崩塌。

表 4.40　崩塌体高程分段统计

坡度区间	<25°	26°~30°	31°~35°	36°~40°	41°~45°	46°~50°	>50°
数量/个	4	10	14	13	7	3	0
占比/%	7.8	19.6	27.5	25.5	13.7	5.9	0

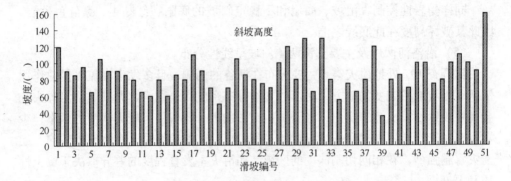

图 4.87　发育滑坡的斜坡坡度分布

表 4.41　崩塌发育斜坡坡度分段统计

坡度区间	<40°	40°~45°	46°~50°	51°~60°	61°~70°	71°~80°	>80°
数量/个	0	4	2	2	5	1	3
占比/%	0	23.53	11.76	11.76	29.41	5.88	17.65

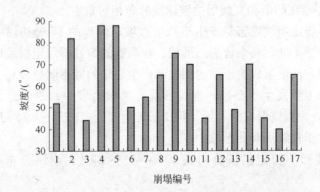

崩塌编号

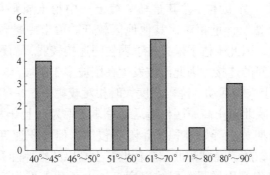

图 4.88　发育崩塌的斜坡坡度分布

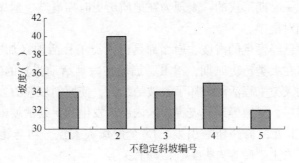

图 4.89　发育不稳定斜坡的斜坡坡度分布

（8）人类工程活动强度地区（带）地质灾害分布相对集中。

吴起县境内不规范的人类工程活动是诱发地质灾害的主要因素之一。地质灾害的分布与人类工程活动密切相关，人口密集、不规范的人类工程活动强度大的地区，也是地质灾害的高发区；反之，地质灾害发生频率也低。洛源街道办、吴起镇和白豹镇人口密集、经济发展较快，同时人类工程活动强度较大，已发现地质灾害 39 处，占总数的 52.7%。

在调查期间，正逢延安-吴起省道 S303 二级公路拓宽改造，沿线发生了大小滑坡、崩塌 10 多处（吴起境内），调查记录的有大路沟滑坡（1）、大路沟崩塌、薛岔滑坡（3）、沙集滑坡（1）、刘坪滑坡、杏树沟门滑坡（1）、东园子滑坡（3）、刘庄崩塌等，而且全部都是在修建公路一侧。黄土斜坡长期受河流的侧向侵蚀、冲蚀、淘蚀，尤其在河流一侧修建沿河公路开挖坡体，使得斜坡更加陡峻、斜坡下滑力增大而阻滑力减少，滑坡往往发育于河谷该侧。

（9）灾害点在南坡相对集中。

在前面已经分析了滑坡的滑向以南为主，占 51 处中的 40 处，滑向以 110°～250°为优势方向；崩塌主要集中在东北和西南两个方向，不稳定斜坡以西北和东南为优势方向，这些表明吴起地区南向斜坡上地质灾害点分布相对集中，体现了该地区特殊的土质，黄土体（尤其是马兰黄土）中粉土质颗粒（含细砂颗粒）含量相对较高，而黏粒含量相对比其他地区较低。黄土中黏粒含量很少，粉土质、砂质含量较多，因此土体干燥条件下颗粒间连接较弱，而颗粒间有水分时水膜吸力增加了颗粒间的连接，因此滑坡发生在阳坡多于阴坡。

（10）在时间上人类活动、降雨强度大时相对较集中。

新生代以来，陕北黄土高原区构造运动总体表现为以上升为主的振荡性升降运动。自更新世初期黄土开始堆积就伴随着侵蚀，但堆积速度远远大于侵蚀速度。黄土堆积晚期，随着晚更新世、全新世黄土高原的整体隆升，尤其是洛河及其各支流的侵蚀切割作用增强，侵蚀速度远远大于黄土堆积速度，水土流失严重，沟谷、河流的下切与侧蚀作用十分强烈，滑坡、崩塌频发。目前看到的滑坡绝大部分就是这一时期形成的，表现为在地质历史时期滑坡、崩塌在晚更新世末和全新世初期相对集中。

本次调查中已经发生的滑坡、崩塌都是由人类工程活动（加剧或直接诱发）引起的，表现出在人类历史时期，滑坡、崩塌在人类活动强烈的时期相对集中。主要是不合理的人类工程活动破坏了斜坡的结构，使原斜坡应力发生变化，导致斜坡失稳发生崩塌、滑坡等地质灾害。区内新近发生的 5 处滑坡中有 3 处与削坡建窑建房有关，1 处由修路斩坡引发。15 个崩塌灾害点，均与建窑建房削坡过陡、修路斩坡、取土制砖等人类工程活动有关。

如前所述，集中降雨是本区滑坡发生的主要诱发因素。在年内，滑坡、崩塌发生时间在 6~9 月份的雨季和 4 月的融冻期相对集中。如杏树沟门滑坡（2）发生于 2009 年 3 月 20 日，正是全面融冻期；大台滑坡发生在 2007 年 10 月 26 日、贺沟崩塌发生在 2007 年 10 月 28 日，都是连续降雨达半月之久突然发生的。

5　地质灾害形成机理

地质灾害的发育形成是内、外动力因素综合作用的结果，其形成条件极为复杂，其中地形地貌、地层及岩土体结构、地质构造等是主要的内在条件，而气候、植被、人类工程活动、地震等影响则是诱发地质灾害的外在因素。

5.1　地形地貌与地质灾害

地形地貌是影响本区地质灾害发育程度的决定性因素。地形的有效临空面是斜坡产生崩滑变形与活动的重要空间条件。大陆堆积、侵蚀作用形成的黄土和黄土状土构成宏观地貌，是影响地质灾害发育位置的宏观因素；而斜坡的坡形、高度、坡度、坡向以及冲沟、落水洞、凹槽等构成微观地貌，是影响地质灾害发育类型和规模的微观因素。

5.1.1　宏观地形地貌与地质灾害的关系

调查区属于黄土高原，宏观上分为黄土梁涧区和黄土梁峁区两大地貌区，是大陆构造-侵蚀地貌，高程界于 1233～1861m，属于山地地貌中山类的高中山亚类。调查区内还可以见到河流地貌、重力地貌等。滑坡、崩塌地质灾害都属重力地貌，泥石流属斜坡山麓地貌。

调查发现在黄土梁涧区有 5 处地质灾害点，其余 69 处均在黄土梁峁沟壑区。

在黄土梁涧地貌区，原生风积黄土构成黄土梁的主体，具有黄土的典型特征，因此在黄土梁自然状态下基本不会发生滑坡、崩塌、泥石流等灾害地质现象（在人工活动、强降雨等极端条件下局部可能破坏）。流水、重力等作用形成的次生黄土，在形成过程中原有风成黄土结构被完全破坏，不再具有原生风成黄土的结构强度，而是重新形成新的堆积结构，其结构相对较为松散，往往具有水平假层理（呈水平层状展布），土体富含动植物残体，水、气等含量较高，易扰动遭受到新的破坏而产生灾害地质现象，尤其在河流附近的两岸极易产生崩塌塌岸（如边墙渠水库崩塌等）。

5.1.2　微观地形地貌与地质灾害的关系

斜坡的形态对斜坡的稳定性有直接影响。斜坡的高度、长度、平剖面形态结构及临空条件等决定着斜坡内应力分布状态和稳定性。斜坡越陡、越高或斜坡为上下陡中间缓和上陡下缓或上缓下陡的复合坡稳定性越差。滑坡的发生与规模首先取决于斜坡的坡度和坡高，岩土体重力的切向分力和垂直分力，随着斜坡的坡度大小而发生变化。当斜坡的坡度达到一定角度时，组成斜坡的岩土体重力的切向分力能够克服摩擦阻力向下滑移发生变形破坏。斜坡稳定角的大小与岩土体的休止角有关；崩塌的产生是斜坡存在高陡（60°以上）临空面的条件下，构造节理、卸荷张裂隙扩展导致斜坡失稳的现象。坡高和临空条件对滑坡、崩塌的空间位置和活动规模有较大的控制作用；地形地貌与物源、水源是形成泥流的三个基本条件，影响泥流形成的地形地貌要素主要是流域形态、面积、谷坡坡度以及沟床比降等。

斜坡地形是滑坡、崩塌灾害产生的先决条件。斜坡的几何形态决定这些坡体内应力的大小和分布，控制着斜坡的稳定性与变形破坏模式。本节以野外调查数据为依据，运用统计分析、应力分析等手段，从斜坡的坡形、坡度、坡高和坡向四个方面论述地形对地质灾害的控制作用。

5.1.2.1　斜坡坡形

调查区内斜坡坡面形态可以划分为四个基本类型，即凸形、直线形、阶梯形和凹形。前两类属正向类型，后两类属负向类型（见图5.1），S形和反S形及组合波形是基本坡形的组合形式，本次调查以最具有代表性的坡段作为基本坡形，对74处灾害点中73处所在斜坡坡形统计见表5.1和图5.2。

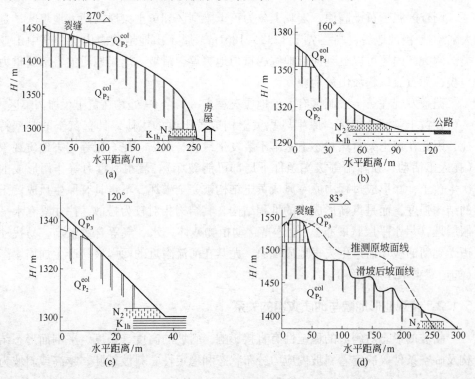

(a)

(b)

(c)

(d)

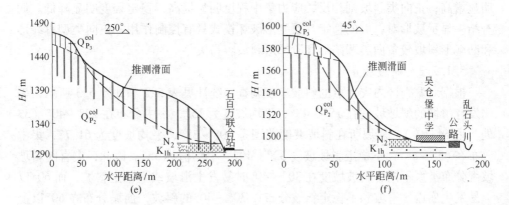

图 5.1 斜坡坡面形态类型示意图

（a）金佛坪崖窑台凸形坡；（b）洛源街道办饲养场凹形坡；（c）洛源街道办燕麦地沟门直线形坡；
（d）庙沟大台阶梯形坡；（e）金佛坪石百万 S 形坡；（f）吴仓堡中学西侧反 S 形坡

表 5.1 灾害点所在斜坡坡形统计

序 号	坡 形	滑 坡	崩 塌	不稳定斜坡	合 计
1	凸 形	30	11	4	45
2	直线形	6	4	1	11
3	凹 形	7	2	0	9
4	阶梯形	2	0	0	2
5	S 形	3	0	0	3
6	反 S 形	3	0	0	3
合 计	6	51	17	5	73

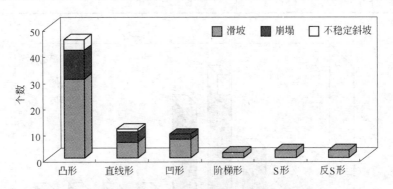

图 5.2 灾害点所在斜坡坡形统计直方图

凸形和直线形正向类斜坡明显更容易产生滑坡和崩塌灾害。负向类凹陷形和
阶梯形斜坡，由于受到沿斜坡走向方向应力支撑，应力集中程度减缓，稳定程度

明显增高；正向类斜坡则相反，应力集中程度明显提高，稳定程度明显降低。调查结果显示坡形对斜坡的稳定性及变形破坏模式具有控制作用，正向类型直线形和凸起形斜坡较负向类凹陷形和阶梯形斜坡容易失稳。

5.1.2.2　斜坡坡度

根据对调查区内灾害点的斜坡坡度调查，统计见表 5.2 和如图 5.3 所示，表明发育滑坡的斜坡坡度在 15°~48°，平均坡度为 35°，集中分布在 29°~40°（33处，占 64.7%）；崩塌所在斜坡坡度范围是 40°~88°，平均坡度为 61.7°，集中分布在 65°~88°；不稳定斜坡坡度 32°~40°，平均值为 35°。因此，灾害随斜坡坡度分布类型不同，斜坡坡度在 30°~40°时易发生滑坡或不稳定斜坡，而 60°以上易发生崩塌。滑坡和不稳定斜坡分布在 30°~40°的斜坡，崩塌分布在 60°以上的急陡坡。

表 5.2　灾害点所在斜坡坡度统计

坡度区间/(°)	滑坡/处	崩塌/处	不稳定斜坡/处	合计/处
0~10	0	0	0	0
11~20	1	0	0	1
21~30	12	0	0	12
31~40	23	0	4	27
41~50	15	5	1	21
51~60	0	3	0	3
61~70	0	3	0	3
71~80	0	3	0	3
81~90	0	3	0	3
合　计	51	17	5	73

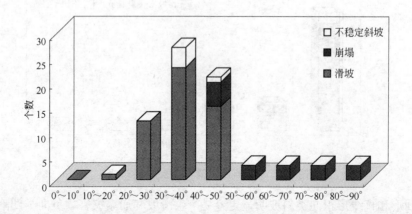

图 5.3　灾害点所在斜坡坡度统计直方图

调查的 51 个滑坡中有 48 个发生在陡坡，占调查滑坡总数的 94.1%，有 3 个发生于缓坡；17 个崩塌中 11 个发生在陡坡，其余 6 个全部发生在陡崖；不稳定斜坡 5 处都发生于陡坡，坡度界于 32°~40°。

综上所述，坡度在 30°~40°的斜坡体为滑坡高易发区；坡度在 10°~20°、60°~70°的斜坡体为滑坡中易发区；坡度 0°~10°、70°~80°的斜坡体滑坡发生的概率低。坡度在 60°以上的斜坡体为崩塌高易发区；坡度在 40°~60°的斜坡体为崩塌中易发区；坡度 40°的斜坡体崩塌发生的概率低。不稳定斜坡的坡度 32°~40°在滑坡高易发坡度范围内，说明不稳定斜坡若受到外来营力因素作用可能以滑坡形式破坏。

5.1.2.3 斜坡坡高

坡高虽然没有改变斜坡内应力的分布状态，但是，控制着坡体内各处应力的大小，随着坡高的增大，应力值呈线性增加，控制灾害的发育和破坏方式。斜坡坡高分布在 35~160m 之间，平均坡高 82.2m。

调查发现斜坡坡高与滑坡的发生也存在明显的控制关系，滑坡一般多发生在坡高 40~70m 的斜坡上（见表 5.3 和图 5.4），统计表明该区间的滑坡有 40 处，占 78.4%；图 5.4 表明滑坡高度与斜坡高度有很好的一致性（斜坡高时滑坡发育高度也较高，其比值接近 2/3）。斜坡坡高分布在 35~160m 之间，平均坡高 86.8m；滑坡高度分布在 30~125m 之间，平均高度 62.8m，平均滑坡高度为斜坡平均高度的 0.73，几乎是斜坡高度的 3/4 位置发生滑坡（见表 5.4 和图 5.5）。

表 5.3 灾害点所在斜坡坡高分段统计

高度区间/m	斜坡高度/处	滑坡高度/处	崩塌高度/处	不稳定斜坡高度/处	合计/处
0~15	0	0	0	0	0
16~30	0	2	1	0	3
31~45	7	7	9	0	16
46~60	9	13	6	1	20
61~75	11	24	1	4	29
76~90	28	3	0	0	3
91~105	9	0	0	0	0
106~120	6	1	0	0	1
121~135	2	1	0	0	1
136~150	0	0	0	0	0
150 以上	1	0	0	0	0
共 计	73	51	17	5	73

注：1. 斜坡高度是指第一斜坡段坡顶与坡脚的高程差；滑坡高度是指滑坡后缘中间点位置相对于斜坡坡脚的高程差；崩塌高度是指崩塌发生最高点与坡脚的高程差；不稳定斜坡高度是指推测斜坡发生破坏的最高点与坡脚的高程差；

2. 表 5.3 中对泥石流灾害未统计其高度；

3. 合计项是指滑坡、崩塌和不稳定斜坡三者数目的和，不包括泥石流灾点数量。

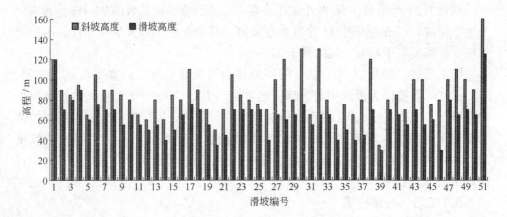

图 5.4　滑坡高度与坡高直方图

表 5.4　滑坡高度与坡高的比值分段统计

比值区间	≤0.5	0.6	0.7	0.8	0.9	1.0
个数/处	3	10	12	18	7	1
比例/%	5.88	19.61	23.53	35.29	13.73	1.96

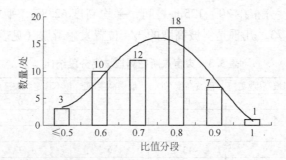

图 5.5　滑坡高度与坡高的比值分段统计直方图
（图中光滑曲线为拟合曲线，表明近正态分布趋势）

　　崩塌多发生在坡高较低，坡度较陡的陡崖上，灾害点调查中的 17 处崩塌中有 7 处在坡高为 40m 以下的陡崖上，占崩塌总数的 41.2%；发生在 40~50m 高陡崖上的崩塌有 8 处，占崩塌总数的 47.1%，发生在 50m 以上高陡崖上的崩塌有 2 处，占崩塌总数的 11.8%，说明超过 50m 高度陡崖发生崩塌的概率很小（见图 5.6）。崩塌所在斜坡平均高度 60.3m，崩塌体平均高度 44.1m。当高度较小时斜坡体上较松散土体常以坍塌坐落等形式破坏，高度逐渐增加时破坏空间在增大，破坏体有了更大的运动空间，常以崩塌、滑塌等形式破坏。调查发现 17 处崩塌中有 13 处是在坡脚建房、修路、制砖等人工活动时切坡造成的。

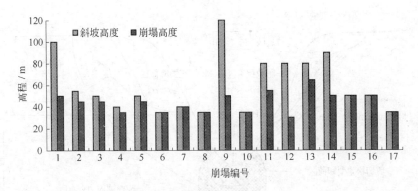

图 5.6　崩塌高度与坡高对应关系

综合坡度和坡高分析认为，滑坡主要发生在坡度 29°～40°、坡高 40～70m 的斜坡上；崩塌则主要发生在坡度大于 70°、坡高小于 50m 的斜坡上。原因在于崩塌多发生在斜坡的初期平衡调整阶段，坡度较大、坡高较小；随着斜坡坡高的增大，崩塌作用和风化作用会使斜坡坡度减小、趋于新的斜坡平衡状态，当不具备崩塌条件的斜坡进一步遭受降雨冲刷、河流侵蚀以及人类工程活动等因素诱发，斜坡的平衡状态将被破坏，则发生滑坡灾害。

不稳定斜坡高度发育在 60～70m 之间（见图 5.7），这个范围基本界于滑坡高度分布（40～70m）与崩塌高度（小于 50m）分布中间，可以说斜坡高度较低时易发育崩塌、中等高度时发育不稳定斜坡、高度较大时发育滑坡。

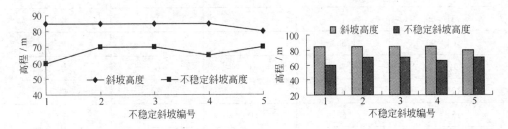

图 5.7　不稳定斜坡高度与坡高关系图

已有研究表明斜坡坡高与坡体、坡角、谷底的应力状态分布和坡体变形方式存在密切联系（见图 5.8），随着坡高的变化，坡体、坡角和谷底的应力状态也会发生显著变化，最终导致沟谷不同部位变形破坏方式的改变。在相同坡度条件下，随着坡高的增大，坡体安全系数减小。

5.1.2.4　斜坡坡向

根据调查的 51 处滑坡的坡向统计，各个朝向的坡均有，并非标准的阳坡和

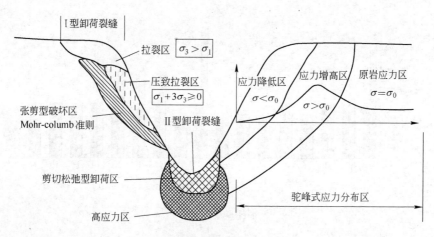

图 5.8　沟谷地应力场分布特征与变形破坏方式示意图（据张茂省等）

阴坡，这与调查区内广泛受侵蚀的地形地貌及日益强烈的人类工程活动等因素有关。区内滑坡总体上在 90°~180°、240°~270° 坡向区间发生的较多（见表 5.5 和图 5.9）。在 90°~180° 坡向区间发生滑坡 21 个，占滑坡总数的 41.2%；在 240°~270° 坡向区间发生滑坡 12 个，占滑坡总数的 23.5%。崩塌具有三个优势方向，即 45°~75°、120°~150°、225°~255°。

表 5.5　灾害点所在斜坡坡向统计

坡向区间/(°)	滑坡/处	崩塌/处	不稳定斜坡/处	合计/处
0~30	0	1	0	1
31~60	1	2	1	4
61~90	5	3	0	8
91~120	7	1	0	8
121~150	8	4	1	13
151~180	6	0	1	7
181~210	5	0	0	5
211~240	2	3	0	5
241~270	12	2	0	14
271~300	4	0	2	6
301~330	0	1	0	1
331~360	1	0	0	1
合　计	51	17	5	73

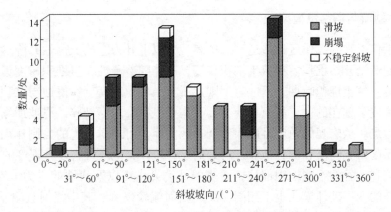

图 5.9 地质灾害点所在斜坡坡向直方图

斜坡坡向统计结果（见图 5.10 和图 5.11）表明，坡向 90°～180°、240°～270°之间的斜坡在吴起县分布相对较多。这一点与吴起县境内河流发育的走向有关。洛河（含源头头道川、总走向 130°）总方向为东南流向，决定河流两岸的斜坡对应坡向在 240°～270°之间；其主要支流二道川（总走向 83°）、白豹川（总走向 28°）、宁赛川（总走向 23°）、薛岔川（总走向 89°）以及杨青川（总走向 94°），主干总体走向呈近东西方向，它们决定了河流两侧斜坡的坡向正好分布在 90°～180°之间。

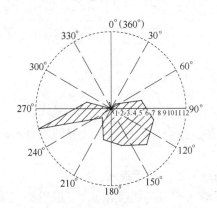

图 5.10 滑坡所在斜坡坡向分布

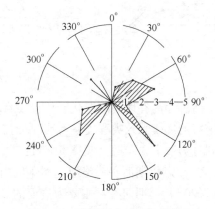

图 5.11 崩塌所在斜坡坡向分布

一般把朝南方向的坡作为标准阳坡，朝北方向的坡作为标准阴坡。由于朝向不同，山坡的小气候和水热等条件有着规律性的差异。阳坡比阴坡受日照时间长，太阳辐射强烈，气温与土温较高，温度日差较大。阴阳坡面水热条件的差异会导致斜坡土体含水量、风化程度、坡度等要素的不同，对滑坡的发生起到一定的影响作用。但在调查区粉砂土含量较高的情况下，滑坡地质现象阳坡反而较阴坡发育。

5.1.3　河流与沟谷发育期

新生代以来，工作区构造运动总体表现为以上升为主的振荡性升降运动。自更新世初黄土开始堆积。在黄土堆积早期，就伴随着侵蚀，但堆积速度远远大于侵蚀速度。黄土堆积晚期，侵蚀速度则大于黄土堆积速度。在侵蚀与堆积的共同作用下形成了现在的黄土高原地貌，具有沟壑纵横，地形破碎，滑坡崩塌泥石流频发的特点。从宏观的角度难以探索调查区内地貌对地质灾害的控制作用，必须从较小尺度研究河流和沟谷地貌及所处的发育阶段与地质灾害发育程度的关系。

河流和沟谷的不同地貌部位，遭受的外动力作用以及斜坡的应力分布不同，导致斜坡的变形破坏模式也不相同。吴起县河流较发育，其中洛河（含头道川）为调查区控制性河流，其主要支流有二道川、三道川、白豹川、杨青川、宁赛川（含薛岔川）、乱石头川（含颗颗川）等。县境内沟谷密布，河流和沟谷地貌的形成与演化主要表现为沟床下切、谷坡扩展和沟头溯源三种侵蚀方式，并具有明显的垂直分带规律（见图 5.12）。

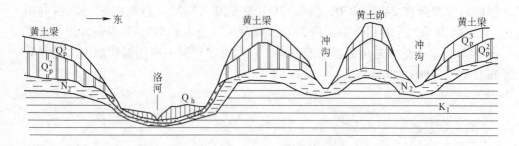

图 5.12　洛河河谷发育特征示意图

河流和沟谷地貌的演化阶段或发育程度对斜坡的变形特征、破坏模式以及地质灾害的规模和致灾程度具有明显的控制作用。调查区内河谷和沟谷的发育期总的划分为以下 3 个期（见图 5.13）：

（1）老年期河谷：洛河，属于区内的一级河谷，常年流水。

（2）壮年期河谷：主要为洛河的一级支流（部分二级支流），二道川、三道川、白豹川、杨青川、宁赛川（含薛岔川）、乱石头川（含颗颗川）等，常年、季节性或暴雨期流水。

（3）幼年期沟谷：主要为洛河的三级或更次级支流，泉水型、暴雨期流水，包括细沟、浅沟、悬沟、冲沟和干沟等。

5.1.3.1　老年期河谷

老年期河谷宽阔，分水岭不像壮年期那么陡峭。多数发育有漫滩、阶地，两岸谷坡下部及谷底基岩出露，垂向和侧向侵蚀均趋于缓和，沟谷冲刷和淤积基本

图 5.13 河流沟谷发育状态

（a）老年期河谷（洛河）；（b）幼年期河谷

保持平衡。谷坡一般都是缓坡，一般在 15°~35°，沟谷宽度 200~500m，切割深度大于 100m，沟谷横断面呈宽 U 字形。

老年期河谷自然侵蚀扩张速度较慢，两岸很少出现新的自然滑坡，多属古滑坡和老滑坡，规模以中型滑坡和小型崩塌为主，也可见大型滑坡。但由于河谷宽阔，是吴起县城区和王洼子、金佛坪等重要集镇所在的区域，属人口和工程的密集分布区，人类工程活动强烈，人类活动触发的滑坡、崩塌最多，且易造成重大灾害。

调查数据显示，在调查的 74 处灾害点中，约有 20% 的滑坡位于老年期河谷，多属老滑坡（或古滑坡），其剪出口一般位于下伏基岩与上覆土体的接触部位，基岩出露高于河床 2~20m。

5.1.3.2 壮年期河谷

壮年期河谷发育着完好的排水系统，谷坡一般 20°~50°，沟谷宽 50~100m，坡高 100~200m，河谷横断面呈 U 字形或宽 V 字形。垂直下切较缓慢，而侧向侵蚀突出，谷坡较陡，处于壮年期河谷凸岸的斜坡易发生变形失稳。河谷较为宽阔，尤其在河谷的交汇部位，是集镇和大的村庄所在的区域，人类工程活动较强烈，人类活动触发的滑坡崩塌较多。河流侧蚀引起的自然灾害和人类活动引发的工程灾害兼有，且易造成较大灾害。

壮年期河谷的主要扩展方式为重力侵蚀，扩张速度较老年期河谷快，谷坡变形失稳主要为黄土滑坡。其特点是滑坡点密度较大，规模以中小型为主；崩塌则以小型为主。调查发现，在河流凹岸，多发育有滑坡地貌，甚至是大型的滑坡。滑坡发生后，滑体堵塞河道，阻挡河流，遭受流水的冲刷与侵蚀，滑体被渐渐冲刷殆尽或只剩下一部分。如今多表现为较陡的滑坡后壁和其下残留的部分滑体，滑坡大多目前已趋稳定，其上居住村民或为耕作农田。但高陡的滑坡后壁黄土斜坡变形强烈，大部分为不稳定斜坡。河流的侧蚀和人类强烈的工程活动也对老滑坡以及谷坡的稳定构成威胁。

5.1.3.3　幼年期沟谷

幼年期沟谷是河谷发育的初期，多见发育在梁峁坡地和陡峻谷坡上。幼年期沟谷发展演变过程依次是由细沟、浅沟、悬沟、冲沟和干沟，最后发展到河沟。细沟主要分布在裸露梁峁坡面的上部，深度和宽度一般在几厘米至十几厘米，是沟谷发育的最初阶段，是降雨汇集由片流转变为线流侵蚀而形成的；细沟进一步侵蚀发展便形成了浅沟，浅沟分布在梁峁坡面的中部，宽度一般在 0.5~1m，宽度远远大于深度；单一浅沟呈 V 字形，沟缘不明显，在剖面上呈波浪状；悬沟是指悬挂在陡坡上的半圆筒状小沟，一般深 2~3m，受黄土垂直节理的影响，沟底常分布有漏斗状深穴，在结核层之上常形成跌水。因沟底坡度特别大，沟内流水由上直流而下，侧蚀和下切作用都不强，发展比较缓慢；冲沟规模较大，深度和顶部宽度由几十米到几百米，长度几百米至几千米不等，沟道较直，一般未切到基岩，已具有沟谷雏形，下切和侧蚀作用强烈，处于迅速的发展阶段；干沟规模比冲沟大，沟底稍宽，一般没有流水，仅暴雨时才有地表径流汇集，流量较大，侧蚀和下切作用都较明显。由于细沟、浅沟、悬沟发育的深度和宽度都很小，一般不具备发生滑坡、崩塌的条件。冲沟的沟底较窄，滑坡不发育，崩塌频发，干沟内则既有滑坡，也有崩塌，常以崩塌为主。

总之，幼年期沟谷横断面多呈 V 字形，深度不一，垂直下切强烈，侧向侵蚀不十分突出，谷坡较陡或近于直立，一般大于 60°。在构造节理的基础上，风化、卸荷裂隙发育，谷坡变形、失稳的主要方式为黄土崩塌，而不是黄土滑坡。崩塌的发育特点是点密度大、规模较小。由于幼年期沟谷狭小，一般无人居住，也无重要工程设施，所以，幼年期沟谷内发生的崩塌不酿成地质灾害。

本次调查统计的 74 处地质灾害点，均分布在河流两侧，且多发生在流水侵蚀作用活跃，谷坡地形变化快的地段。地质灾害点在河流的支沟（壮年期、幼年期沟谷）分布密度大于主沟（老年期、壮年期沟谷）。调查的地质灾害点中仅有 14 处分布在洛河及其源头头道川、一级支流二道川、三道川、白豹川、杨青川、宁赛川（含二级支流薛岔川）、乱石头川（含二级支流颗颗川）等较大河流（老年期、壮年期沟谷）两岸。其余 60 处灾点皆分布在这些河流的三级、四级支沟（青壮年期、幼年期沟谷）中，仅二级支流薛岔川两岸就发育了11 处。

综上所述，斜坡变形的空间分布主要受地形地貌条件控制。区内地形破碎、沟谷密布、黄土高陡斜坡地形广泛分布，这些特殊的地质环境给地质灾害的形成提供了必要的空间条件，以至于滑坡、崩塌沿河谷两侧谷坡、梁峁坡和残塬坡等地带往往呈线状排列，密集发育。

5.2　地层及岩土体结构与地质灾害

地层及岩土体结构是地质灾害产生的物质基础，是影响斜坡稳定的主要因素。一方面区内广泛分布的黄土地貌与黄土的物理力学性质关系极为密切，另一方面地层岩性、斜坡的地质结构决定着斜坡体内应力分布状况及变形破坏特性，即岩土体的结构和力学强度决定着斜坡变形的可能性。

5.2.1　容易发生灾害的地层

吴起县区域内分布白垩系、新近系和第四系地层。其中第四系黄土和新近系红黏土是区内的易滑地层。

白垩系含泥岩、页岩质砂岩埋藏于新近系红黏土之下，其上广泛披覆第四系黄土，仅在较大河谷出露，出露厚度一般 2~20m 不等，在本次工作中未发现基岩滑坡、崩塌现象。

新近系红黏土在区内分布连续，呈不整合覆盖于砂岩之上，其上多被第四系黄土覆盖，厚度不均，在中老年河谷均可见到。由西南向东北红黏土出露面积逐渐增大、其厚度逐渐增厚，最厚处厚度约50m，位于五谷城乡的四合堡村。红黏土土体致密，半成岩，是较好的隔水层，干燥时强度很高，一旦湿水后强度显著降低，构成调查区内的易滑地层。但由于其出露范围极小，在坡面上所处位置较低，所以，区内新近系红黏土引起的新滑坡很少见，纯红黏土形成的滑坡、崩塌更未见，往往构成大型滑坡的滑面，或者连同上覆黄土层一起沿强风化砂岩面滑动。

第四系黄土分布最为广泛，几乎遍布全区。黄土结构疏松、强度低、遇水软化、节理裂隙发育等特性决定了黄土是区内最主要的易滑地层。本次调查的滑坡和绝大多数崩塌发生在黄土层中。不同时代黄土的结构、成分、物理性质和力学强度等存在较大的差异，在纵横向上具有很大的非均质性。老黄土结构相对致密，无大孔隙结构，垂直节理相对不发育，而新黄土成岩性差，土质疏松，为支架-大孔结构和镶嵌-微孔结构，含砂量高，成分以粉砂质为主，富集了可溶盐类物质，垂直节理发育，孔隙比大，遇水体积膨胀，易崩解，湿陷性强。故新黄土是区内最不稳定的易滑地层。

5.2.2　岩土体结构

区内斜坡岩土体结构主要包括四种类型：黄土层型、黄土/基岩型、黄土/红黏土型、黄土/红黏土/砂岩型。斜坡岩土体结构决定了斜坡变形破坏的方式和软弱结构面的位置，对滑动面的位置具有明显的控制作用。

5.2.2.1　黄土层型

黄土层型坡体属于黄土斜坡，坡体自坡脚至坡顶皆由第四系黄土地层构成，主体为中更新世黄土（$Q_{p_2}^{eol}$），主要分布于洛河一级支流中上游或二级、三级以及更小的支流两岸。此类斜坡稳定性从黄土本身来讲，主要与黄土的工程地质性质密切相关。在岩性方面，黄土质地松散，工程地质特性差，抗拉强度低，极易在临空面附近形成卸荷裂隙，这类裂隙经过风化侵蚀和雨水的冲刷，易形成软弱滑动面，有利于裂隙上部的滑坡体与下部母体分离。条件成熟时可沿谷底坡脚剪出。

在地层结构上，黄土中发育的古土壤，黏土含量高，结构更为致密，成为黄土层中的相对隔水层，在黄土与古土壤接触地带易形成含水量相对较高的软弱结构面，黄土层内滑坡多沿此软弱结构面剪出。

5.2.2.2　黄土/基岩型

黄土/基岩型是上部黄土与下部基岩共同组成的斜坡类型。此类斜坡发育于清涧河干流以及一二级支流中、下游地区。这一地区河谷宽阔，是人类活动的主要区域。下伏基岩结构密实，透水性差，黄土与基岩的接触面易形成饱水带，多见地下水由此渗出，大多数滑坡发生在这个结构带上。岩石在工程地质性质上与黄土具有显著差别，基岩力学强度大，抗滑能力强，稳定性高，多成为滑坡剪出口的下伏稳定地层；另一方面基岩的隔水性能相对较好，地下水容易在基岩面上相对富集，易饱水，造成基岩之上的黄土力学强度降低，黄土与基岩的接触带容易转变为滑动带。

5.2.2.3　黄土/红黏土型

黄土/红黏土型是上部黄土和下部新近纪红黏土所组成的斜坡类型。在调查区的西北部断续出露。红黏土黏粒含量大，是良好的隔水层，同时遇水强度降低，常在黄土与红黏土接触地带形成含水量相对较高的软弱结构面，滑坡多沿此软弱结构面剪出。新近纪红黏土的存在不利于斜坡的稳定。

5.2.2.4　黄土/红黏土/砂岩型

黄土/红黏土/砂岩型主要分布在东边宁赛川（五谷城四合堡）、薛岔川（大路沟滑坡）一带。滑体厚度大，切穿黄土，沿红黏土或连同红黏土沿风化砂岩面剪出，剪出口位置相对较低（多剪出于河流岸边），在剪出口位置可见上覆薄层黄土状土、红黏土与下部砂层混杂。

本区坡体多为不同地质时代、不同性质的岩土组成的复合型黄土斜坡。在区内分布面积大，发育数量较多的黄土斜坡其物质组成以第四纪不同时期的风积黄土为主；其次为发育较广泛的二元（多层）结构的斜坡，坡体下部由中生代砂岩、泥岩或新近系红黏土组成，坡体上部由第四纪不同时期的厚层黄土组成。依据调查资料，区内滑坡的滑动面（带）主要有三种类型：

（1）滑动面位于新黄土与老黄土的接触带。

（2）滑动面位于黄土与下伏基岩顶面的接触带。

（3）滑动面位于黄土与新近系红黏土接触带。

另外，在某些河流沟谷深切地段，裸露的砂泥岩常形成陡峭的岩质斜坡，砂泥岩中一般发育多组较稳定的构造节理和裂隙，由于软硬基岩的差异性风化，使砂岩悬空，往往沿裂隙面、层理面发生崩滑位移变形。

总之，地层及岩土体结构不仅影响斜坡地形地貌的形成，而且控制着斜坡的稳定性。

5.3 水与地质灾害

因水的作用而导致的地质灾害，可分为大气降水、地表水和地下水作用三种情况，其中降雨是地质灾害形成的主要条件。

5.3.1 大气降水

调查结果显示，本区地质灾害绝大部分发生在雨季（暴雨、连阴雨）或融冻时节，表现了随季节周期性发生的特征。历史上年降雨量大于多年平均值的年份一般既是降雨丰水年，也是崩滑流等地质灾害的高发年；而年内集中夏秋多雨季节及初春融冻季节，也是地质灾害的高发期。黄土由粉土、粉质黏土组成，透水性一般较差，降雨一般不容易渗入，从而形成上层滞水或潜水，一次降雨所引起的潜水位上升幅度不大，而且滞后现象明显。所以，单纯就降雨而言，一般不会触发滑坡、崩塌地质灾害。但是，在黄土构造节理、卸荷与风化裂隙、落水洞、陷穴等发育部位，降雨可沿空隙下渗甚至灌入，在相对隔水部位形成上层滞水或饱水带，增大岩土体重力、甚至形成孔隙水压力，降低岩土体强度，从而触发黄土滑坡、崩塌的发生。暴雨降水强度大，历时短，仅数小时，入渗量相对较小，地表产生径流量大，面状冲刷作用强烈，使斜坡松散黄土堆积物随地表径流形成洪水，迅速汇集沟谷，易诱发泥流灾害产生；连阴雨历时较长，大部分可渗入坡体，进入土体孔隙或岩体裂隙补给地下水，导致岩土体饱水软化，岩土体自重增加，降低岩土体的抗剪强度，促使崩塌、滑坡群发。

据调查，吴起县地质灾害主要发生在6~10月，说明地质灾害的发生与降雨量以及降雨特征关系密切。如前所述，县内近年发生滑坡和崩塌频次与多年月平均降水量呈明显的正相关关系。总之，大暴雨和连阴雨是本区地质灾害的主要诱发因素。

5.3.2 地表水

河流、水库等地表流水主要表现在对河谷两侧斜坡岩土体的长期侧蚀和对坡脚的长期浸泡，增大了斜坡临空面，降低岩土体抗剪强度，从而诱发滑坡、崩塌地质灾害。

　　黄土高原土质疏松，夏秋季多暴雨和大雨且时间集中。降雨在短时间内汇集，形成具有较强侵蚀能力的地表水流，塑造了黄土高原千沟万壑的地貌形态，也常引发地质灾害。河流发育期不同对地质灾害的影响不尽相同。吴起县内的较大河流已进入中老年期，河谷已达数十米至数百米宽，河流下切进入基岩数米，河谷内冲淤趋于平衡，流水对两侧坡脚侵蚀作用减弱，对地质灾害的形成影响不明显。在二、三级支流内，基岩多有出露，河流下蚀受阻，侧蚀作用较强，流水的侧蚀作用使谷坡的稳定性受到一定的影响，在侧蚀强烈的地段容易引发滑坡的发生，滑坡堵塞河谷，滑体受流水冲刷侵蚀，大部分已不复存在。在三、四级或更小的沟谷内，主要为黄土沟谷，流水的下蚀和侧蚀均存在，两岸谷坡较陡，目前仍处于流水的侵蚀中，是滑坡、崩塌的多发地段。但这些地区由于地形条件差，人类活动相对较少，滑坡崩塌形成地质灾害的概率较低。自实施退耕还林（草）政策以来，区内植被得到有效的保护和发展，河流沟谷中的水流明显减少，地表水的侵蚀强度有所削弱，流水对地质灾害的影响也渐趋缓和。

　　水库或淤地坝附近，地表长期积水，最直接的影响是使地下水位抬升，在较大范围内形成地下水，使得周边原本稳定的边坡失去平衡，直接影响到附近居民的生活与生产，甚至部分居民不得不迁移。调查区内由水库引发的地质灾害集中表现为库岸崩塌，如周湾水库崩塌（见图 5.14）、刘新庄水库崩塌（见图 5.15）等均是由于水库和淤地坝的地表水长期积水后，使得周边地下水位抬升，从而对斜坡稳定性造成明显影响。

图 5.14　周湾水库崩塌（镜向 352°）　　　图 5.15　刘新庄水库崩塌（镜向 167°）

5.3.3　地下水

　　地下水在滑坡形成过程中是不可缺少的基本条件，往往是起主导作用的触发因素。地下水受大气降水和地表水的补给，黄土地层的上层滞水对滑坡的诱发形成作用非常大，常沿马兰黄土与离石黄土接触带软弱结构面软化浸泡，降低马兰黄土抗剪强度，诱发滑坡产生。位于坡体结构面的地下水，软化结构面，降低其强度，也是边坡失稳启动后加速滑动的润滑剂。

黄土边坡对地下水的敏感性要比岩质边坡大得多，当黄土边坡处于极限平衡状态时，由拉张裂缝和土体渗入的水（降水、灌溉水等）对结构面的静水压力作用和加荷作用引发边坡失稳。

工作区地形复杂，沟壑纵横，水土流失严重，地下水十分匮乏。但是，由于黄土节理裂隙发育，在斜坡地带的黄土原生节理和构造节理的基础上，发育了密集的风化、卸荷裂隙，甚至演化为黄土陷穴、落水洞，在暴雨过程中，降水汇集，沿节理、裂隙、陷穴、落水洞等通道快速下渗，在古土壤或基岩之上形成局部上层滞水，甚至潜水。地下水活动降低了黄土强度，改变了坡体应力状态，常常触发斜坡变形失稳。研究表明，当黄土中含水量小于18%时，黄土力学强度较高，坡体在直立的状态下也可保持稳定；但如果含水量大于20%，则强度降低很快，坡体稳定性也变差。所以，地下水活动对斜坡变形失稳的影响作用十分明显。地下水活动的影响作用主要表现在以下几个方面：

（1）斜坡上的上层滞水的存在，降低了土体强度，增加了土体的重量，易触发斜坡变形失稳。

（2）在连阴雨过程中或大雨之后，水分入渗途中在古土壤层受阻，使古土壤以上的土体含水量增大，虽尚未饱和或形成上层滞水，但是，由于含水量增大，降低了土体强度，也同样触发斜坡变形失稳。

（3）水库附近地表水转化为地下水，诱发地质灾害。例如位于高家屯乡丰柏胜沟口张家湾村的寒砂石水库，由于库区长期蓄水，周边地下水位抬升，引起附近坡体变形，居民的窑洞出现拉张拉裂缝，甚至塌陷，原来居住的人口不得不迁移至安全地带。库区地下水位上升，致使斜坡变形并导致居民房屋变形及墙体开裂，严重威胁居民安全。

5.4　植被与地质灾害

植被的发育起到护坡和防止水土流失的作用，对斜坡的演化和稳定性具有一定的影响。吴起县西北部玩洼子等地植被覆盖率低，地质灾害分布广泛；东南部薛岔乡等地植被覆盖率较高，对地质灾害的形成有一定控制作用，因此，在东南部地区地质灾害发育程度较低。但是，植被不是决定地质灾害是否发育的根本原因。区内植被对斜坡变形、演化和地质灾害的影响主要体现在以下三个方面：

（1）水文地质效应。植被不同程度地阻滞了地面径流，增大了降水对坡体的入渗补给量。区内地下水匮乏，通常不存在植被对地下水的蒸腾排泄作用。

（2）力学效应。植被根系具有加固土体，提高土体抗剪强度的能力，嵌入基岩或下部老黄土的植物根系还起到锚固作用；同时，坡体上植被的自重又增加了坡体的荷载，并向坡体传递风的动力荷载。

（3）护坡效应。植被发育的地区不易产生水土流失，地形受侵蚀切割较缓慢，斜坡变形破坏较弱。相反，植被覆盖率低的地区，水土流失严重，地形受切割强烈，斜坡变形破坏较强。

吴起县中部洛河流域植被较发育，其主要组成树种有槐树、刺槐、椿树、榆树、旱柳等阔叶树以及油松、侧柏、揪树等针叶树，植被覆盖率一般大于60%，这一地区的坡体相对稳定，地质灾害很少发生。而西北部地区头道川河流域植被发育差，以灌丛草原为主，主要有沙荆、沙柳、酸枣等灌木以及狗尾草、白刺花、白羊草等众多草本植物，大多数区域植被覆盖率小于50%，水土流失严重，坡体稳定性差，地质灾害十分发育。

5.5　人类工程活动与地质灾害

黄土滑坡、崩塌等地质灾害的触发因素很多，最主要的是不合理的人类工程经济活动和降水的双重作用，两者的综合效应是诱发本区地质灾害发生的最主要的外在因素，它对斜坡稳定性的影响比地形地貌、地层岩性等地质环境因素的影响强烈而明显。

5.5.1　人类活动对植被的影响

从历史资料可知从半坡人时期到周代，黄土高原到处都是郁郁葱葱的森林和肥美的草原，保持着面积广大的天然草地、灌木丛和森林。从宋代开始，黄土高原的天然植被遭受全面破坏，清代是黄土高原植被彻底被毁的时期。进入20世纪以来，随着人口增加，毁林毁草开荒开垦，增加耕地面积及过度放牧，使植被覆盖率严重下降，黄土裸露，使气候异常，生态环境恶化，加剧水土流失和降雨的径流速度、入渗强度，加剧崩塌、滑坡、泥石流地质灾害的发生。

5.5.2　斩坡建窑

自古以来，繁衍生息在黄土高原的居民世代穴居于土窑洞或石拱窑中，成为本区独特的居住景观。13个乡镇、街道办的364个行政村窑洞不计其数，由于自然条件限制，群众大多在梁、峁黄土斜坡及沟谷两侧谷坡上斩坡平地基，建房拱窑多在垂直崖壁上的黄土体内挖掘土窑洞，形成高陡临空面多在10~20m（部分小于5m或大于20m）。土窑洞一般建在新黄土（马兰黄土）之下的老黄土（离石黄土）中，从而形成新的人工边坡，不能呈阶梯状削坡，排泄设施简易，窑崖无防护措施，在连阴雨或暴雨季节，雨水、地表水的下渗常常导致黄土崩塌、滑坡，对人民的生命财产安全构成严重威胁，形成居住分散、灾害遍布的局面。群众住宅位置的选择是关系到受地质灾害威胁的大小的关键。本区内60%的群众窑崖大于10m，为崩滑灾害创造了空间条件。

5.5.3 修路筑坝

建路修坝挖渠等工程建设活动，也是导致本区地质灾害发育的影响因素之一。由于黄土沟壑区修路一般沿河谷岸坡或在半山坡修建，大量开挖坡脚或坡体，形成大量的黄土高陡边坡及危岩体。特别是乡镇村级公路，因资金缺乏，往往没有进行必要的护坡处理，形成比较长的不稳定斜坡地段，而且将所开挖的大量弃土，随意堆积在山坡、河谷，堵塞河道，已经引起的和潜在的地质灾害都很严重。全县在沟谷中修建淤地坝已达一千余座（仅"十一五"规划就安排13座），水库2座，大量地开挖坡体移土筑坝往往破坏了坝肩斜坡稳定性，加之泄洪设施不全，坝体简易，在汛期常常发生坝肩滑坡或溃坝型泥流，毁没农田。在水库库岸在库水的动态作用下也会出现塌岸等现象。

5.5.4 油场建设与采矿

本区石油资源丰富，开采石油往往要修建道路及油井平台，不得不开挖坡体，形成高陡边坡；取黄土烧制砖瓦，由于不严格按照操作规范施工，形成高峻陡坡，引起滑坡或崩塌隐患；在开山取石及采砂等人类工程经济活动过程中，形成高陡边坡，使坡体失去支挡或支撑，常诱发黄土崩塌、滑坡等灾害。

总之，随着气候的变化，特别是随着人口的急剧增长，人类工程活动使区内地质环境遭受严重破坏，导致水土流失加剧，崩塌、滑坡、泥石流等灾害繁发，成为地质灾害形成的主要因素。

综上所述，在地质灾害诸多形成条件中，地质环境条件变化缓慢，而人类工程活动和强降雨则是最活跃的因素，两者的双重作用是诱发地质灾害最活跃最积极的因素。

5.6 典型地质灾害机理分析

调查中对于危害重大和典型的滑坡、崩塌及不稳定斜坡等地质灾害（或隐患）都进行了详细调查，每个灾害点至少实测一条纵剖面；并对其中11处地质灾害进行了工程地质测绘，对2处滑坡、1处不稳定斜坡开展了地质灾害勘查工作。根据地质灾害的发育特征、变形破坏方式等，选择典型的有代表性的2处滑坡、1处崩塌、1处不稳定斜坡和1处政府沟泥流共5处地质灾害点，分别剖析其发育特征和形成机理等。典型地质灾害点选取的原则如下：

（1）地质灾害点的发育机理具有代表性。

（2）地质灾害点的发育规模具有代表性。

（3）地质灾害勘查点（测绘点）。

（4）地质灾害点的威胁对象具有代表性。

（5）地质灾害点具有典型发育特征。

5.6.1　典型滑坡

改建省道 S303 吴起境内公路沿线发育了呈串状分布的一系列滑坡，如大路沟滑坡（1）、薛岔滑坡（3）、沙集滑坡（1）、刘坪滑坡等，其规模大小、滑面深度、滑动方式等滑坡特征极具有代表性，下面以大路沟滑坡（1）、薛岔滑坡（3）两个典型滑坡为代表分析其滑坡滑动机理。

5.6.1.1　大路沟滑坡（1）（WQ072）

A　概述

大路沟滑坡（1）位于薛岔乡薛岔村大路沟自然村东边黄土梁的南侧斜坡上，地理位置为 108°28′34″E、36°58′01″N，后壁高程为 1630m，属老滑坡。原省道 303 穿过滑坡体中上部，改建省道 303 从滑坡体前缘通过。由于受工程开挖前缘坡脚的影响，2007 年 6 月出现整体复活，发生后部张拉下错、前部推挤的整体移动，受降雨等条件影响活动还在加剧。由于该滑坡规模巨大，直接威胁新建路段和周围居民，危害严重。

B　滑坡基本特征

a　滑坡周界及形态特征

大路沟滑坡（1）地形陡峻、北高南低，被两条冲沟分割成三部分，东、西两部分较小，中部大。大路沟河由东向西从滑坡前缘流过，沟谷切割深度大，呈深窄的 V 形断面。滑坡体后壁呈明显的圈椅状，滑坡体中上部为多级梯田，中下部人工开挖成 11 级台阶，台阶高度、宽度不等，纵坡度总体约 30°。滑坡体高程 1505~1623m，高差 118m；滑坡长约 350m（南北方向）、前缘宽约 380m、中部宽约 520m、后缘宽约 400m（东西方向），平面面积约 $15.2 \times 10^4 m^2$；滑坡体体积约 $856.8 \times 10^4 m^3$，主滑方向为 196°。滑坡地形地貌如图 5.16 所示。

图 5.16　大路沟滑坡（1）遥感影像图

b 滑坡物质结构特征

根据工程地质测绘和钻探结果，勘查区地层从老到新主要有：白垩系环河组（K_{1h}）、新近系保德组（N_{2b}）和第四系地层，各地层岩性特征滑坡体主要为第四系滑坡堆积物（Q_h^{del}），即由原岩全新统人工填土（Q_h^{ml}）、全新统坡积（Q_h^{dl}）粉质黏土、上更新统风积黄土（$Q_{p_3}^{eol}$）、中更新统风积黄土（$Q_{p_2}^{eol}$）、中更新统坡洪积（$Q_{p_2}^{dl}$、$Q_{p_2}^{pl+dl}$）粉土、粉砂以及冲积卵砾石（$Q_{p_2}^{al}$）等组成。按其原岩时代、成因及岩性特征自上而下划分为 7 个工程地质层。滑床为新近系保德组（N_{2b}）泥岩，下伏白垩系环河组（K_{1h}）砂岩，两者为不整合接触。

滑面（带）基本位于黄土（卵砾石层）和黏土岩层之间，是层间滑动（局部层内差异滑动）；滑带土的含水量 11.9% ~16.8%、天然快剪黏聚力 20.00 ~65.00kPa、内摩擦角 24.0°~32.0°、重剪黏聚力 20.0~26.0kPa。滑带由性质不同的三部分组成，滑带中上部位在黄土内部滑动，属层内滑动，因此该部分滑带土是黄土；中部滑坡沿红黏土面滑动，属层间滑动，滑面出现黄色与红色土体混杂现象；前缘部分滑坡在红黏土内部、红黏土与强风化砂岩接触面滑动，属层内、层间混合型滑动。

C 滑坡变形特征

a 滑坡地表变形特征

滑坡体后缘在平面上近似呈圆弧状。老滑坡后壁陡坎明显，呈圈椅状，陡坎高 10~15m，坡度 68°~82°，局部因坍塌变缓，见明显滑动擦痕；大部分擦痕面生长青苔、小草、灌木等，发育虫孔、植物根系等，系老滑坡滑动遗留痕迹；滑坡后壁下部可见新鲜滑动擦痕，错距最大达 40cm，滑动面产状 194°∠64°。后缘张拉裂缝明显，裂缝宽度 10~30cm，最大达 45cm，呈分段线状连续延展；滑坡坡体上因耕作和变形破坏的原因，现呈多级台阶，各级台阶高差约 2~4m。中下部因新修公路人工开挖成 11 级台阶，台阶高度、宽度不等，纵坡度总体约 30°。前缘剪出口地质特征明显，东侧剪出口界于黄土与黏土岩接触面，平缓延展，揭露滑面倾角近水平（实测 4°~8°），均位于路基开挖面以上 2~3m；中部剪出口地质特征不明显，界于黄土与黄土接触面，近水平延展；西侧剪出口界于卵砾石与黏土岩交接面，平缓延展，滑坡前缘揭露滑面倾角近水平（实测 6°~10°）。

b 滑坡体变形破坏特征

滑坡周界清晰，属老滑坡复活。复活以来，各种裂隙发育，沿滑坡周界成串分布落水洞，并伴有滑塌等。滑体移动及变形造成原 S303 省道公路路面在穿越滑坡区内发生明显错断、路面严重变形（局部陷落高差达 20cm），同时造成滑体西侧一栋新修建筑物破坏较严重。张裂滑动、分界清晰的后缘边界（见图 5.17 ~图 5.19），顺层蠕滑的前缘边界，可辨的剪出口（带），两侧错动的擦痕、落水洞等都将滑坡的边界勾勒出来。具体特征如下：

图 5.17　滑坡剪出口（镜向 8°）

图 5.18　后缘线状张拉裂缝（镜向 28°）

（1）滑坡边界清晰。滑坡滑动，后缘陡坎和张拉裂隙、成串分布的落水洞都构成了滑坡的后缘边界。滑坡后缘陡坎明显、具有张拉裂缝，雨季裂缝更加明显增多拉大。

（2）受冲沟限制的东西两侧边界。在滑坡东侧和西侧冲沟中均发现明显滑动痕迹，依据滑坡的厚度及结构特点，滑坡侧界在冲沟沟坡（底），滑面处于渗透性良好的黄土（局部在卵砾石层）与相对隔水的黏土岩之间，局部是层内滑动或层间差异滑动。

图 5.19　后缘裂缝及
落水洞（52°）

滑坡两侧受冲沟控制，侧边界在沟内坡体或沟底，延展方向近纵沟伸展方向，地质调查中在西侧冲沟（规模较大）沟底发现滑坡错动斜面（见图 5.20），在东侧冲沟（规模较小，受黄土梁地形控制）上部可见落水洞、滑坡牵引错动裂缝等表征，下部则表现不明显（见图 5.21）。

图 5.20　西侧滑坡边界（348°）

图 5.21　东侧滑坡边界（198°）

（3）滑带剪出特征。滑坡前缘的剪出口（带）清晰可见（见图5.17），前缘剪出口地质特征明显，东侧剪出口界于黄土与黏土岩交接面，平缓延展，揭露滑面倾角近水平（实测倾角4°~8°），位于路基开挖面以上2~3m；中部剪出口地质特征不明显，界于黄土与黄土交接面，近水平延展；西侧剪出口界于卵砾石与黏土岩交接面，平缓延展，揭露滑面倾角近水平（实测倾角6°~10°）。因此，可以判断剪出口的位置就是此处，高程为1496.0~1512.0m之间。

（4）其他变形破坏特点。滑体厚度较大，滑面埋藏较深，在钻孔ZK_3和ZK_4中发现滑面，并具有缩孔现象；滑坡坡体上多处出现次级错动裂缝（见图5.22），局部出现垮塌现象。局部地段在饱水黏土岩表层形成次一级的错动面。

滑体上均出现了不同程度的节理裂缝，分布较广，密度较大（见图5.23），局部切穿黄土造成小型垮塌。

图5.22　滑体上出现的次级　　　　　图5.23　滑体上节理切割引起
　　　　错动裂缝（镜向334°）　　　　　　　　坍塌（镜向14°）

D　原位剪切试验研究

为进一步揭示该滑坡滑动机理，对滑坡前缘剪出口选择了3个不同位置进行大型原位剪切实验，此三个位置分别为黄土与红黏土界面、黄土与黄土界面、红黏土与卵砾石界面。天然状态下的残余剪切实验完成后，对剪切面连续浸水12h然后进行饱和状态下的残余剪切试验。

a　黄土与红黏土界面

黄土与红黏土界面残余剪切实验结果见表5.6，天然和饱和状态下残余剪切实验关系如图5.24和图5.25所示。

表5.6　黄土与红黏土界面残余剪切实验结果

类　别	竖向压力表读数/MPa	换算成竖向应力/kPa	水平压力表读数/MPa	换算成水平剪应力/kPa	水平推力/kN	修正后水平剪应力/kPa
天然状态	3.00	50.55	7.00	63.62	20.84	61.54
	5.00	89.73	10.70	96.49	31.61	92.98

类　别	竖向压力表读数/MPa	换算成竖向应力/kPa	水平压力表读数/MPa	换算成水平剪应力/kPa	水平推力/kN	修正后水平剪应力/kPa
天然状态	7.50	138.71	14.25	128.03	41.94	122.74
	10.00	187.70	16.00	143.57	47.03	136.51
饱和状态	2.50	40.75	5.50	50.29	16.48	48.57
	4.50	79.94	8.00	72.50	23.75	69.35
	6.00	109.33	10.20	92.05	30.15	87.83
	7.50	138.71	11.60	104.49	34.23	99.20

注：剪切面尺寸为 $0.52 \times 0.63 \mathrm{m}^2$。

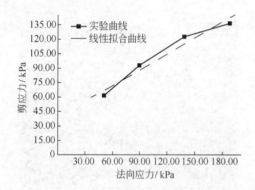

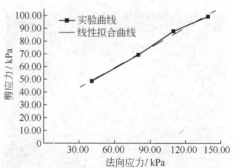

图 5.24　天然状态下残余剪切实验关系曲线　　图 5.25　饱和状态下残余剪切实验关系曲线

因此可知，天然状态下：残余内聚力 $C = 39.48 \mathrm{kPa}$，残余内摩擦角 $\varphi =$ arctan0.54819 = 28.73°。饱和状态下：残余内聚力 $C = 27.56 \mathrm{kPa}$，残余内摩擦角 $\varphi =$ arctan0.52807 = 27.84°。

b　黄土与黄土界面

黄土与黄土界面残余剪切实验结果见表5.7，天然和饱和状态下残余剪切实验关系如图5.26和图5.27所示。

表5.7　黄土与黄土界面残余剪切实验结果

类　别	竖向压力表读数/MPa	换算成竖向应力/kPa	水平压力表读数/MPa	换算成水平剪应力/kPa	水平推力/kN	修正后水平剪应力/kPa
天然状态	2.00	29.90	3.00	27.12	9.20	25.80
	4.00	67.74	6.60	58.01	19.68	55.31
	6.00	105.59	8.80	76.89	26.08	72.81
	7.00	124.51	9.50	82.89	28.12	78.13

续表5.7

类 别	竖向压力表读数/MPa	换算成竖向应力/kPa	水平压力表读数/MPa	换算成水平剪应力/kPa	水平推力/kN	修正后水平剪应力/kPa
饱和状态	1.50	20.44	3.20	28.84	9.78	27.86
	3.00	48.82	4.90	43.43	14.73	41.41
	4.50	77.20	6.30	55.44	18.80	52.39
	6.00	105.59	7.80	68.31	23.17	64.23

注：剪切面尺寸为 $0.53 \times 0.64 m^2$。

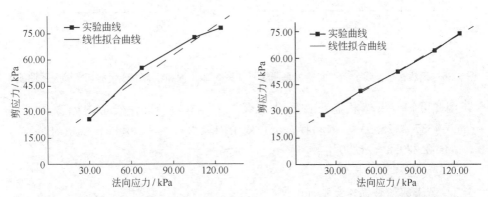

图 5.26 天然状态下残余剪切实验关系曲线　　图 5.27 饱和状态下残余剪切实验关系曲线

因此可知，天然状态下：残余内聚力 $C = 12.69 kPa$；残余内摩擦角 $\varphi =$ arctan0.5531 $= 28.95°$。饱和状态下：残余内聚力 $C = 19.37 kPa$；残余内摩擦角 $\varphi =$ arctan0.4325 $= 23.39°$。

c 卵砾石与红黏土界面

卵砾石与红黏土界面残余剪切实验结果见表5.8，天然和饱和状态下残余剪切实验关系如图5.28和图5.29所示。

表5.8 卵砾石与红黏土界面残余剪切实验结果

类 别	竖向压力表读数/MPa	换算成竖向应力/kPa	水平压力表读数/MPa	换算成水平剪应力/kPa	水平推力/kN	修正后水平剪应力/kPa
天然状态	3.00	48.82	4.5	39.99	13.57	37.98
	5.00	86.66	7	61.44	20.84	58.06
	7.00	124.51	9.5	82.89	28.12	78.13
	9.00	162.35	11.5	100.05	33.94	93.92
饱和状态	3.00	48.82	3.50	31.41	10.66	29.40
	5.00	86.66	5.60	49.43	16.77	46.04
	7.00	124.51	7.50	65.73	22.30	60.97
	9.00	162.35	9.60	83.75	28.41	77.61

注：剪切面尺寸为 $0.53 \times 0.64 m^2$。

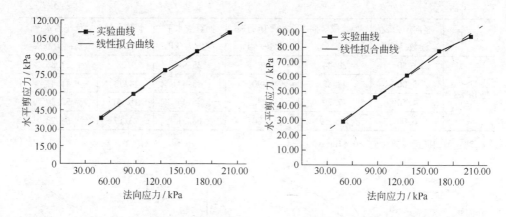

图 5.28　天然状态下残余剪切实验关系曲线　　图 5.29　饱和状态下残余剪切实验关系曲线

　　因此可知，天然状态下：残余内聚力 $C = 16.57\text{kPa}$；残余内摩擦角 $\varphi =$ arctan0.47377 = 25.35°。饱和状态下：残余内聚力 $C = 11.74\text{kPa}$；残余内摩擦角 $\varphi = $ arctan0.38988 = 21.30°。

　　E　黄土剪切破损特征

　　a　黄土剪切破损宏观特征

　　黄土斜坡发生滑动，在地质体上必然会留下反映滑坡的地质痕迹。黄土滑坡大多滑面较陡，新鲜滑动面上的擦痕清晰可见，滑面散落滑动摩擦错落的"粉尘"，如图 5.30 所示，左图是大路沟滑坡前缘新近复活后滑动产生的擦痕，发育在湖相沉积的粉质黏土层与红黏土层交界面上，厚重的滑体在红黏土上"刻画"出条带状擦痕；右图是吴起另一处滑坡，滑动面位于红黏土与风化砂岩交界面，硬度较大的砂岩生生给红黏土划出一道道"伤痕"，这两处均位于滑坡前缘，滑面接近水平。

　　选取滑坡土样，用环刀取样进行室内剪切试验，记录试验数据，可观察到剪

图 5.30　滑动面剪切破损宏观特征

切面附近的剪切破损现象。试验过程中采用自重压力为试验轴向压力，因而能直观反映土体实际剪切情况。典型剪切试样如图5.31所示（图·5.31中箭头方向均

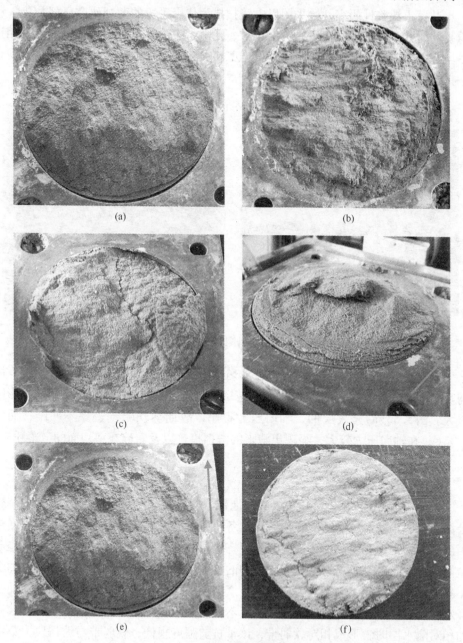

图5.31　黄土直剪试验剪切面

（a）ZK2-10试样剪切面特征；（b）ZK1-30试样剪切面特征；（c）ZK2-3试样剪切面特征；
（d）ZK2-14试样剪切面特征；（e）ZK3-9试样剪切面特征；（f）ZK3-16试样剪切面特征

显示上盒盖相对运动方向）。

b 黄土剪切破损微观特征

从黄土湿陷性研究开始采用以电镜扫描为代表手段的微观研究已经成为一种重要的研究手段，随后在研究黄土颗粒、孔隙、裂隙以及滑面特征等大量采用该手段。土样进行直接剪切试验后，根据剪切面特征选取试样进行电镜扫描，观察各试样的剪切破损面的微观特征（见图 5.32）。

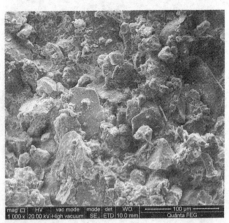

图 5.32 钻孔试样原状样与剪切样对比图

选取不同埋深下的黄土试样进行剪切试验，可观察到不同深度下剪切土样的剪切破损特征。试验轴向压力采用的是天然埋深处的重力，因此对剪切结果影响很大。图 5.33(a)是表层的，轴向压力很小，故而剪切错动迹象不明晰；而图 5.33(d)在轴向压力较大，显现出清晰的滑擦痕迹以及碾碎在剪切面的散落粉末。

F 滑坡形成的机理分析

a 滑坡成因分析

大路沟滑坡（1）位于黄土梁斜坡地带，地势高差 125m，前缘削坡开挖修建公路，具有很好的临空面，在地貌上具备了滑坡的必要条件；该斜坡主要由新老黄土组成，孔隙和垂直节理较发育，夹有数层黏性较高的古土壤，下部直接坐于微倾的新近系红黏土上，如此岩土结构的斜坡，具备滑坡的物质条件；高耸的黄土斜坡在重力作用下向河谷方向变形，产生位移，坡脚应力集中急剧增加；加之降水在地表汇集，沿垂直节理面入渗，不仅增大了坡体的重力，而且至黏性较高的相对隔水层时，形成相对软弱带，该带抗剪强度很低；软弱带与坡体应力集中区贯通，坡体整体失稳。在斜坡强大的重力作用下沿其滑动，并在坡脚处剪出成滑坡。

从钻孔、工程地质测绘、野外调查来看，该滑坡形成的内部因素主要包括以

图 5.33 同一钻孔不同深度土样剪切破损特征

（a）深度 6.0m 试样剪切黄土；（b）深度 18.4m 试样剪切黄土
（c）深度 26.0m 试样剪切黄土；（d）深度 29.5m 试样剪切黄土

下几个方面：

（1）古滑坡复活，滑坡上部高陡为滑坡复活提供了动力，已有滑面为滑坡复活提供了结构条件。

（2）黄土地层疏松、强度低、透水性较好，水入渗至黏土岩层后，形成了相对汇水面和相对软弱面（古滑面），使古滑面强度大大降低，形成了滑移控制面。

（3）东、西两侧冲沟内可见深红色的黏土岩层（西侧冲沟可见砂岩），该黏土岩层为相对隔水层，且遇水膨胀、泥化、强度剧降，具备形成相对软弱层和层间相对滑动的岩土特征。

综合分析滑坡形成的外部因素主要包括以下几个方面：

（1）坡体植被破坏，人工耕作频繁，使坡体表土流失严重，产生许多裂缝，产生连串分布的落水洞，破坏了坡体的稳定性，形成了许多渗水通道。

（2）降水充沛的雨季到来，2007 年 7～8 月陕北降雨量大且持续时间长，大量雨水通过裂缝和落水洞入渗至黏土岩层构成的相对汇水面，一方面滑体饱和增重，增大滑动力；另一方面黏土岩层积水、膨胀泥化、强度剧降，为此滑坡的复活起了重要诱发作用。

（3）人工削坡，挖切坡角，减少了抗滑阻力，增大了滑动概率。

b　滑坡形成机理分析

滑坡体主要为黄土，主滑面为黄土与紫红黏土接触面，滑床为紫红黏土。滑坡下部推挤变形、中部"顺层"滑动、上部拉裂下陷，综合分析认为大路沟滑坡（1）为推移式黄土滑坡。

G　滑坡稳定性分析

由于前缘开挖，滑坡体前缘阻滑力显著减小，导致滑坡复活，每次下雨都会在后缘见到新的下错滑动痕迹，显示滑坡处于持续的蠕变状态，从定性分析和定量计算结果（见 3.3 节内容）看，该滑坡目前处于不稳定状态，定性分析结果与定量验算结果基本一致，并与滑坡现状也是吻合的。

5.6.1.2　薛岔滑坡（3）（D122）

A　概述

薛岔滑坡（3）位于薛岔乡薛岔村东约 1km 的黄土梁南侧坡，黄土梁呈东西方向延展，滑坡发生在该梁的南侧边坡，地理坐标 108°35′43″E、36°58′21″N。该滑坡是在老滑坡的基础上由于开挖坡脚而复活的工程滑坡，原路基面位于滑面之上，而开挖后路基低于滑面；在滑坡体坡脚处有一户 5 窑的住户，受滑坡威胁被迫搬迁；该滑坡在 2007 年 12 月出现滑动以来，变形逐渐增加，在坡顶前缘可见逐渐贯通的张裂隙，滑面已经可见清晰擦痕，表明滑坡在滑动的前兆；2008 年 8 月 27 日进行调查（见图 5.34），28 日凌晨 2 时左右滑坡滑动掩埋部分道路并摧毁了坡脚那 5 窑房屋（见图 5.35）。

B　滑坡基本特征

a　滑坡周界及滑体特征

薛岔滑坡（3）老滑坡在平面上近似半圆形，新滑坡在平面上呈簸箕状；剖面形态整体呈阶梯形。新滑坡发生在老滑坡的中东部突出山体（西侧老滑坡体因建窑等原因被挖成缓坡），滑坡坡顶标高 1434m，坡脚标高 1396m，相对高差 38m。滑坡东边以冲沟为界，西侧以凹形缓坡为界，顶部至电杆，南侧至公路。

图 5.34 8 月 27 日调查照片　　　　图 5.35 8 月 28 日调查照片
（变形显著）（352°）　　　　（已滑）（17°）

滑坡后缘高程为 1431m，滑坡体长约 70m，宽约 120m，厚约 10 ~ 12m，体积方量约 $6.6 \times 10^4 m^3$，主滑方向 228°，平均坡度 32°；后壁圈椅状，高 2 ~ 3m；滑体表面平缓，属小型中厚层黄土滑坡。

b　滑坡物质结构特征

滑坡物质结构为 Q_h^{del} 滑坡堆积层、$Q_{P_{2+3}}$ 黄土和 N_2 红黏土。滑坡堆积土主要由 Q_{P_3} 和 Q_{P_2} 黄土组成，黄土中砂质含量较高，土体松散，灰黄-黄褐色混杂，可塑 ~ 硬塑，垂直节理较发育。滑动面切穿 Q_{P_3} 和 Q_{P_2} 黄土，前部沿砂岩顶面剪出（见图 5.36 和图 5.37），滑床由中前部砂岩、中部红黏土和后部 $Q_{P_{2+3}}$ 黄土构成。Q_{P_2} 黄土致密坚硬，黄褐色；红黏土红褐色，致密硬塑，可见固结后的碎块状颗粒。组成滑床的红黏土和黄土，在浸水条件下迅速软化，强度大幅度降低。

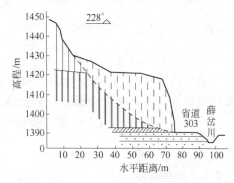

图 5.36 薛岔滑坡（3）滑面（2°）　　　图 5.37 薛岔滑坡（3）剖面图

C　滑坡形成机理及失稳机制

薛岔滑坡（3）是一处黄土-红黏土-砂岩接触面滑坡，沿冲沟右岸发育，原

始坡度较大（45°~55°）。该滑坡由于公
路开挖路基，导致老滑坡复活，2007年
12月开始有活动迹象，对坡上住户立即
搬迁，2008年6月监测发现活动进一步加
剧，2008年8月27日现场调查发现后缘
裂缝明显，已经形成贯通裂缝，宽度达近
10cm（见图5.38和图5.39）。8月28日
已经滑塌，滑动部分周界裂缝宽30~
50cm，如图5.40所示。

　　滑坡体主要为黄土，滑面为紫红黏土
与风化砂岩接触面，滑床为砂岩。滑坡下
部张拉变形、中部"顺层"滑动、上部

图5.38　后缘贯通裂缝（349°）

拉裂下陷，综合分析认为薛岔滑坡（3）为牵引式黄土滑坡，是典型的工程滑坡。

图5.39　裂缝向东侧冲沟延展（31°）

图5.40　薛岔滑坡（3）概貌（37°）

　　D　滑坡稳定性分析

　　滑坡从2007年12月开始复活长期处于蠕滑变形状态，并且滑坡滑动后近十
天阴雨连绵，土体强度降低，稳定性差。由于公路路基开挖减少了阻滑力，导致
滑坡，滑动后松散堆积于坡脚，掩埋部分公路，该滑坡已进行削坡治理，目前
稳定。

5.6.2　典型崩塌

　　调查区内共发现崩塌隐患点17处、崩塌类灾害地质点36处，崩塌类调查点
共计53处。崩塌隐患点规模小（均为中小型）、厚度薄；崩塌类灾害地质点有4
处大型的。崩塌以边墙渠崩塌（D112）最具代表性。

5.6.2.1 概述

边墙渠崩塌位于长城乡边墙渠村东边边墙渠水库下游约50m处冲沟左侧黄土状土组成的涧地，地理坐标为108°25′44″E、37°18′50″N，规模为中型。崩塌体发生在黄土梁涧区，土体较松散，易受流水等冲蚀，边坡稳定性普遍较差。

5.6.2.2 崩塌体基本特征

A　崩塌体周界及崩塌体特征

崩塌体平面呈椭圆形，后壁陡峭，周界明显，从后缘不断有松散土体脱落、滚落到沟中，崩动迹象明显（见图5.41）。崩塌体长约35m，宽约650m，厚2~5m，体积方量约$7.9 \times 10^4 m^3$，崩塌主方向109°，崩塌体呈环状梯次倒退式崩塌（见图5.42），平均坡度54°。

图5.41　边墙渠崩塌土体崩落（327°）　　　图5.42　边墙渠环状梯次倒退式崩塌（263°）

B　崩塌体物质结构特征

崩塌堆积物主要由黄土状土（次生黄土）组成。黄土状土呈灰黄色、土黄色，其中砂质含量较高（见图5.43），土体松散，可塑~硬塑，可见水平似层理（见图5.44）。

图5.43　边墙渠崩塌土体砂质　　　　　图5.44　边墙渠崩塌土体似
含量较高（341°）　　　　　　　　水平层理（344°）

5.6.2.3　崩塌形成机理及崩塌机制

黄土涧地黄土状土土体松散，垂直节理同样发育，并且具水平似层理，为崩塌创造了有利条件。边墙渠崩塌所在区域，是黄土涧地的低凹区，西边的水流都汇集到此处，对已经具有广泛发育节理的黄土状土进行冲蚀，逐步贯通节理面，从而形成崩塌。当地居民讲每年雨季降雨后崩塌发育较多，因此推断涧地崩塌多与涧地的垂向、水平两个方向的节理切割有关。

边墙渠崩塌发生在黄土涧地，干燥时强度较高，而湿润（降雨或流水等）情况下垂直节理不断扩展，尤其是垂直方向的节理与水平似层理连接贯通，形成台阶状贯通裂缝，从而导致滑移式崩塌。崩塌后的土体很容易被流水携带，是黄土涧地水土流失的主要方式。

5.6.2.4　崩塌稳定性分析

崩塌所在边坡高差约 48m，坡度约 65°，坡体主要为黄土状土，结构松散，坡体节理裂缝发育，坡面破碎，局部时常有小面积坍塌、崩落等现象，因此该崩塌体边坡稳定性差。崩塌遥感影像如图 5.45 所示。

图 5.45　边墙渠崩塌遥感影像

5.6.3　典型不稳定斜坡

调查区内共发现 10 处不稳定斜坡，其中 5 处具威胁对象，属于隐患点。根据其规模大小、节理裂隙发育特征、可能破坏方式等，袁和庄不稳定斜坡具有代表性。

5.6.3.1　概述

吴起县袁和庄不稳定斜坡位于白豹镇袁和庄注水站矿区黄土峁顶西侧边坡，坡顶为吴起县第二采油厂矿区内油井注水站，北侧紧邻该油井场区，地势呈东高西低之势。该边坡体是在原有边山峁的基础上，修建注水站平台时经开挖推平的土体堆弃形成，斜坡在降雨、重力及附近人为活动等因素的作用下随时有可能出现滑坡破坏，从而威胁到坡顶注水站、邻近油井场区及驻站人员的生命财产安全；且注水站场区黄土湿陷性较为严重，场区地基在浸水情况下发生湿陷，引起地面沉降变形，厂房内部出现沉降裂缝，严重威胁注水站安全。

5.6.3.2 基本特征

A 不稳定斜坡周界及变形特征

袁和庄不稳定斜坡位于黄土峁的西侧，整个坡体为微凸形，平均坡度37°，坡体上部覆盖人工填土。整体坡高约21.6m，主轴方向约295°，轴向长度40.6m，宽度58m，坡体体积约$1.4 \times 10^4 m^3$，属小型边坡（见图5.46和图5.47）。

图5.46 袁和庄不稳定斜坡（348°）

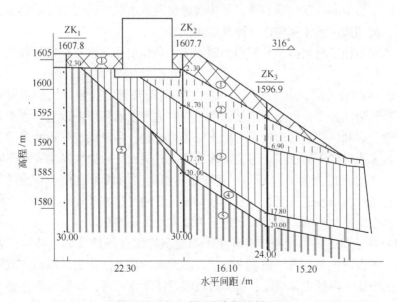

图5.47 袁和庄不稳定斜坡剖面图

边坡坡肩处出现长达 10m 的裂缝，且局部出现洞深达 0.5m 的塌陷洞（见图 5.48），对边坡及注水站安全造成严重威胁。

B　袁和庄不稳定斜坡物质结构特征

根据工程地质测绘及钻探结果，袁和庄注水站边坡出露的岩土体有人工填土（Q_4）、黄土状土（Q_3）、黄土（Q_p^3）、古土壤（Q_2）及黄土（Q_p^2）。

图 5.48　坡肩开挖出露塌陷洞（194°）

其中填土黄褐色，土质不均，可塑，稍湿，含少量砖块、灰渣及建筑垃圾。局部夹薄层灰土，且邻近建筑物填土经过夯实处理；黄土状土褐黄色，土质不均，可塑，稍密，稍湿，含零星岩石碎屑，可见植物根系；马兰黄土褐黄色，土质稍均，可塑，稍密，稍湿，含少量白色钙膜，底部黄土含水率较大，含氧化铁；古土壤（Q_2）黄红色，土质较均，较密，稍湿，可塑~硬塑，含白色钙膜；离石黄土褐黄色，土质稍均，稍密，稍湿，可塑，含零星钙质结核，氧化铁，锰黑色斑点。

5.6.3.3　袁和庄不稳定斜坡稳定性分析及可能的破坏方式

边坡顶为采油厂注水站平台，坡体上部覆盖填土，填土区域土体较为裸露，植被覆盖较差，坡顶靠近坡肩处出现长达 10m 的裂缝，地面塌陷较为严重；注水站厂房墙体与地面局部出现裂缝；坡体南缘出现落水洞，降雨情况下会加大雨水入渗量，破坏边坡整体完整性，降低坡体强度。

袁和庄不稳定斜坡体是受到多种因素的综合作用而导致其稳定性降低，具体如下：

（1）疏松的土层，边坡范围内人类工程活动频繁，且强度大。主要是附近采油厂对原油的开采，以及注水站修缮工程对边坡地质环境的改造，影响边坡自身稳定性。袁和庄注水站边坡人工填土层较为疏松，易形成较好渗水通道，水渗入后，将大为降低土体强度，形成滑坡控制面，从而导致边坡发生失稳破坏。

（2）不合理的人为工程活动，袁和庄不稳定斜坡紧邻袁和庄采油厂与注水站，工程活动对原油的开采，以及注水站修缮活动对边坡环境的改造，都将对边坡稳定性产生不利影响，在某些状态下可能发生失稳破坏。

（3）场地缺乏排水设施，袁和庄不稳定斜坡工程场地及邻近场区未发现排水系统，排水设施不完善，地表水直接入渗至坡体后无法排出，囤积在坡体内部逐步软化土体，降低土体强度；由于边坡临近注水站厂房，厂房内部主要安装注水管道，地下水管道较多，且场区地下修筑污水通道，极易造成水流入渗，基础下部水流无法排除,有可能形成水通道从而威胁边坡体的安全。

(4)黄土的湿陷性,袁和庄不稳定斜坡场地黄土湿陷性严重,排水设施不完善,土体易浸水发生湿陷,导致地面沉降变形及坡体强度降低,将会引起边坡的失稳破坏。

综合定量计算和实地调查定性分析得出结论,袁和庄不稳定斜坡场地在天然条件下处于基本稳定状态;局部饱水状态下,整体处于极限平衡状态,安全系数储备不足,建议对其进行工程治理。

5.6.4 典型泥石流

调查区内泥石流低发育,仅在洛源街道办旧居巷政府沟内发现1处泥流(政府沟泥流 WQ049)。

5.6.4.1 概述

政府沟泥流位于洛源街道办旧居巷政府沟上游,县人大(政协)办公楼后面。沟内地形坡度平陡不一。沟内居民较多,沿沟上游新建窑洞较多。主沟走向251°,平面图如图 5.49 所示。沟内堆积切坡建窑弃土,松散物储量 $0.5 \times 10^4 \sim 1.0 \times 10^4 \mathrm{m}^3$,为小型黄土泥流。

图 5.49 政府沟泥流平面示意图

5.6.4.2 环境地质条件

政府沟上游地段沟床纵坡较陡,约17°,两侧山体坡度大多在40°以上,相对高差 50~80m,沟底宽 3~7m,为典型 V 字形沟。沟内堆积了大量的人工弃土,堆积厚度 10~40m,沿沟纵向堆积长度约1000m。主要为近期新建窑洞开挖山体而形成的弃土松散堆积在沟床,严重占据河道、影响排水(见图 5.50)。沟口段人工修建排水暗渠(见图 5.51),人为缩小了政府沟的排洪能力。

5.6.4.3 发育特征

政府沟泥流主要为近期新建窑洞开挖山体而形成的弃土,目前处于发展期,

图 5.50　政府沟泥流沟内堆积物源（94°）　　图 5.51　政府沟泥流沟内排水暗渠（287°）

泥流汇水区有三条支沟，汇水面积约 $0.8km^2$，流通区有松散堆积物，松散物储量 $0.5 \times 10^4 \sim 1.0 \times 10^4 m^3$，而且有增加的趋势，政府沟泥流根据数量化评分，其结果见表 5.9，表明政府沟泥流为中等易发，危害严重。

表 5.9　政府沟泥流严重程度数量化评分

序　号	影响因素	政府沟的具体描述	量级划分	得　分
1	崩塌、滑坡及水土流失	崩塌、滑坡、冲沟发育	中等易发（B）	16
2	泥沙沿程补给长度比/%	70（>60）	极易发（A）	16
3	沟口泥石流堆积活动程度	河床严重堵塞	极易发（A）	14
4	河沟纵坡坡度/(°)	17（>12）	极易发（A）	12
5	区域构造影响程度	相对稳定	轻度易发（C）	4
6	流域植被覆盖率/%	80（>60）	不易发（D）	1
7	河沟近期一次变幅/m	<0.2	不易发（D）	1
8	岩性影响	硬岩	不易发（D）	1
9	沿沟松散物储量	$1 \times 10^4 \sim 5 \times 10^4 m^3 \cdot km^{-2}$	轻度易发（C）	4
10	沟岸山坡坡度/(°)	>40	极易发（A）	6
11	产沙区沟槽横断面	V 形谷	极易发（A）	5
12	产沙区松散物平均厚度/m	>10	极易发（A）	5
13	流域面积/km²	<5	极易发（A）	5
14	流域相对高差/m	<100	不易发（D）	1
15	河沟堵塞程度	严重	极易发（A）	4
总　得　分				95

5.6.4.4　致灾风险分析

政府沟泥流威胁旧居巷内 39 户 177 人 224 房（窑）及商店等，间接威胁县城主干道和省道 303 公路，险情级别为大型。沟内大量堆积的散土是泥流的主要物质来源，中等易发，沟内没有任何防治泥流的工程措施，因此致灾风险较高。

6 地质灾害区划与分区评价

6.1 滑坡、崩塌易发区划分及分区评价

吴起县的岩土体类型分布特征决定了在其县内发生的地质灾害现象类型以滑坡和崩塌为主，泥石流则以泥流形式出现于坡体较陡、沟谷坡降较大、植被发育差、人类活动较少的沟谷内，因此，本次调查以滑坡和崩塌为主。滑坡、崩塌、泥石流易发区划分主要为滑坡、崩塌易发区划分，另外可能发生滑坡、崩塌隐患的对人民生命安全及财产产生威胁的不稳定斜坡地段。

区内滑坡、崩塌易发区的分布主要受地形地貌、岩土体类型分布和人类工程活动强烈程度等的影响。地形地貌是影响滑坡、崩塌发生的重要条件，地形越陡，沟壑密度越大，地形越破碎，滑坡、崩塌等地质现象越容易形成，而吴起县的黄土梁峁沟谷地形为滑坡、崩塌等地质现象的发生提供了有利条件。岩土体是地质灾害发育的物质基础，不同类型的岩土体其所形成的地质灾害类型和发育程度也有所不同，它主要取决于岩土体的结构类型、坚硬程度、风化程度和遇水后性状的改变程度等工程地质特征。如黄土直立性好，垂直节理裂隙发育，在水的作用下易发生崩解，诱发崩塌现象；若有下伏隔水层，则可能诱发滑坡现象；风化强烈、破碎的岩体则易发生岩崩，若岩体内有软弱面如泥岩的存在，在水的作用下也可能诱发滑坡现象。吴起县主要以黄土滑坡、崩塌为主，黄土厚度大小的分布特征直接影响本区内滑坡、崩塌的分布密度。不规范的人类工程活动对滑坡、崩塌、泥石流等地质现象诱发作用很大，主要表现为斩坡、开挖坡脚、削坡建窑修路等。水的诱发作用是地质灾害发生不可忽略的条件之一，地表水主要为河流对河谷岸坡的侵蚀和侧蚀作用，地下水表现为对土体的浸润、软化作用，降雨则为雨水入渗、增加坡体容重、土体抗剪强度降低等，以上水的作用极易诱发地质灾害的发生。

据本次野外详细调查结果，利用现有的 1：50000 地形图制作吴起县 DEM 数据，根据水文学方法，利用 ArcGIS 对吴起县的 DEM 数据作水文分析，作出吴起县斜坡单元网格，并以所调查滑坡、崩塌等地质现象点作叠加进行分析，并考虑岩土体性质、结构类型、人类工程活动等因素，综合分析划定滑坡、崩塌的高易发区、中易发区、低易发区。其 GIS 方法如下：

（1）基于 GIS 的信息量分析模型。信息量分析模型通过计算诸影响因素

对斜坡变形破坏所提供的信息量值，作为区划的定量指标，能正确地反映地质灾害的基本规律，既简便、易行、实用，又便于推广。计算原理与过程简述如下：

1）计算单因素（指标）x_i 提供斜坡失稳（A）的信息量 $I(x_i/A)$，见式（6.1）：

$$I(x_i, A) = \ln \frac{P(x_i/A)}{P(x_i)} \tag{6.1}$$

式中　　$P(x_i/A)$——斜坡变形破坏条件下出现 x_i 的概率；

　　　　$P(x_i)$——研究区指标 x_i 出现的概率。

具体运算时，信息量用样本频率计算（见式6.1），即：

$$I(x_i, A) = \ln \frac{N_i/N}{S_i/S} \tag{6.2}$$

式中　　S——已知样本总单元数；

　　　　N——已知样本中变形破坏的单元总数；

　　　　S_i——有 x_i 的单元个数；

　　　　N_i——有指标 x_i 的变形破坏单元个数。

2）计算某一单元 P 种因素组合情况下，提供斜坡变形破坏的信息量 I_i（见式6.3），即：

$$I_i = I(x_i, A) = \sum_{i=1}^{p} \ln \frac{N_i/N}{S_i/S} \tag{6.3}$$

3）根据 I_i 的大小，给单元确定稳定性等级。$I_i < 0$ 表示该单元变形破坏的可能性小于区域平均变形破坏的可能性；$I_i = 0$ 表示该单元变形破坏的可能性等于区域平均变形破坏的可能性；$I_i > 0$ 表示该单元变形破坏的可能性大于区域平均变形破坏的可能性；即单元信息量值越大斜坡越易于变形破坏。

4）经统计分析（主观判断或聚类分析）找出突变点作为分界点，将区域分成不同等级。

评价指标的基础数据均为定量描述的数据，须采用标准化、规格化、均匀化，或对数、平方根等数值变换方法统一量纲，方可代入评价模型。

（2）评价指标体系建立。滑坡、崩塌易发区系指容易产生滑坡崩塌地质现象的区域，区划的原理是工程地质类比法，即类似的静态与动态环境条件，产生类似的滑坡、崩塌地质现象；过去滑坡、崩塌多发的地区，也是以后滑坡、崩塌多发的地区。滑坡、崩塌易发程度区划侧重的是滑坡、崩塌、泥石流等自然地质现象发育的数量多少和活跃程度，评价指标包括已有滑坡、崩塌和不稳定斜坡群体统计和其形成条件两类（见图6.1）。已有滑坡崩塌现象群体统计评价指标主要包括滑坡、崩塌地质现象的数量和规模，鉴于遥感解译的滑坡、崩塌以及不稳定斜坡的规模数据精度有限，本次仅采用已有调查和核查到的滑坡、崩塌和不稳定斜坡数量的指标，计算单元内已有滑坡、崩塌地质现象的点密度。

根据前述分析，滑坡、崩塌形成条件选取坡度、坡高、坡型、岩土结构和人类工程活动等5项主要因素作为评价指标。在滑坡、崩塌形成条件分析的基础上，结合前人研究成果，本次参照评价指标贡献率法的计算结果，分析确定了调查区滑坡、崩塌易发程度区划中各个指标的权重（见表6.1）。

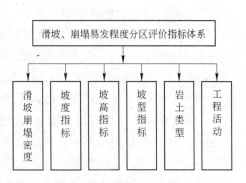

图6.1 滑坡、崩塌易发分区
评价指标体系框图

表6.1 滑坡、崩塌易发程度分区划评价各个指标的权重

指标项	滑坡、崩塌点密度	坡度指标	坡高指标	坡型指标	岩土结构类型	工程活动
权重	0.60	0.10	0.05	0.04	0.03	0.18

（3）评价指标量化。评价指标包括定量指标和定性指标。对于定量指标，如斜坡的坡度、坡高等，取其原始观测值，并作适当的数值变换即可；对于定性指标，如岩土结构、坡型等，需要建立一个评价指标的分级划分标准，根据各项指标对不同级别的相对贡献来取值。

吴起县采用的数据是1:50000比例尺数字地形图和滑坡、崩塌、泥石流详细调查数据，做出全区3791.5km² 的1:50000比例尺DEM数据，将全区离散为25m×25m的单元格，提取滑坡、崩塌定量评价指标。评价指标具体包括以下几个方面：

1）已有滑坡崩塌群体统计指标。已有滑坡崩塌群体统计评价指标理应包括滑坡、崩塌（以及不稳定斜坡）自然地质现象的数量和规模。依据本次已调查和核查的滑坡、崩塌、不稳定斜坡的数量指标，计算单元内滑坡、崩塌地质现象的点密度。统计样本包含了全部遥感解译和调查、核查的物理地质现象点及地质灾害点，旨在客观反映不同区域滑坡、崩塌的易发程度。

2）坡度指标。利用GIS从DEM数据提取调查区坡度信息，然后进行归一化。由于40°以上斜坡发生滑坡、崩塌的频率很高，本次区划时将40°以上斜坡的易发程度定义为1，而10°以下斜坡发生滑坡、崩塌的频率则很低，其易发程度定义为0；将10°~40°之间的斜坡的易发程度，按照不同坡度区间滑坡和崩塌自然地质现象发生的概率，进行0~1之间的线性归一化，得到坡度指标归一化结果。

3）坡高指标。本次研究中，坡高定义为 DEM 数据中相邻 3×3 单元中高差最大值。因此可以利用 GIS 从 DEM 数据中分别提取坡高信息，然后进行归一化。由于滑坡和崩塌自然地质现象发生的斜坡坡高主要集中在 50～100m 之间，本次将 80m 以上斜坡的易发程度定义为 1，而将 0～80m 之间斜坡的易发程度进行 0～1 之间的线性归一化，得到斜坡高度指标归一化结果。

4）坡型指标。坡型可以利用地表的曲率进行描述和量化，直线形和凸形斜坡在曲率上的体现是曲率不小于 0，凹形坡和阶梯形坡的曲率小于 0，因此，可利用 ArcGIS 平台从 DEM 数据中分别提取地表曲率信息，然后进行斜坡坡型的归一化。由于滑坡和崩塌主要发育在直线形斜坡和凸形斜坡上，因此，当曲率小于 0 时，坡面为凹形或阶梯形，易发程度最低；当曲率大于 0 时，坡面为直线形和凸形，易发程度较高，按照曲率的大小进行 0～1 之间的线性归一化，得到斜坡坡型指标归一化结果。

5）岩土体结构指标。本区岩土体结构是上部为黄土，下部为基岩，基岩产状和分布近于水平。由于河流和沟谷的发育程度不同，表现出调查区东西两侧以及不同发育阶段的沟谷切割深度不同，导致坡体的岩土体结构差异。总体来说，西部地区基岩切割深度较浅，坡体主要为黄土结构，流水的侧蚀和下切作用明显，有利于崩塌和滑坡的发生；而东部地区，流水的前期侵蚀作用强烈，岩体切割深度较大，基岩出露，且位置较高，黄土覆盖在基岩之上，侧蚀和下切作用已经不明显，发生滑坡的可能性相对较小。因此，必须综合考虑河谷发育阶段与岩土体结构问题。本次按照调查区由东向西基岩切割深度逐渐减小的趋势，将岩土体结构对滑坡、崩塌易发程度的影响进行 0～1 之间归一化差值处理。

6）人类工程活动指标。人类工程活动对滑坡、崩塌形成发育的影响是极为复杂的，如何定量化反映是个难题。经调查，吴起县境内现阶段人类工程活动主要为城镇化建设、新农村建设和交通线路建设而进行的削坡开挖行为。因此，本次人类工程活动的量化分即以吴起县全区的居民地和主要交通线路为基准，以 200m 为间隔，向外做 3 个缓冲区分析，再经栅格化和归一化处理，参与评价。

（4）计算单元的剖分。计算单元剖分的形式及其大小对区划的结果影响较大。《县（市）地质灾害调查与区划技术要求》推荐采用栅格单元进行易发程度区划。采用栅格单元的优点是可利用 GIS 实现单元的快速剖分，同时栅格数据为矩阵形式，可借助计算机快速完成运算；其缺点是栅格评价单元与地形、地貌、地质环境条件信息缺乏有机联系。理想的计算评价单元应当是充分考虑滑坡、崩塌形成的地质环境条件。

前已述及，河流和沟谷的发育阶段对区内滑坡、崩塌的形成具有明显的综合控制作用，以幼年期沟谷而划分的斜坡单元能够综合体现各种控制与影响因素的作用。本次采用以幼年期沟谷斜坡作为评价单元，该评价单元是以分水线和河谷所限汇水区域，是滑坡、崩塌发生的基本地形地貌单元。可根据水文学方法，基于 DEM 借助计算机自动实现斜坡单元的划分（见图6.2）。

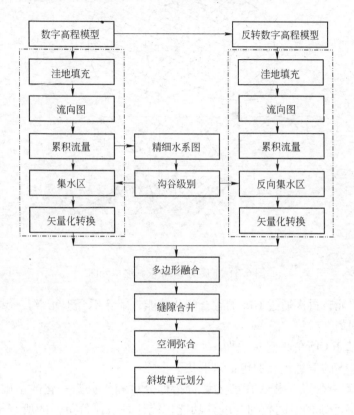

图6.2 斜坡单元划分流程

在水文分析当中，首先进行 DEM 数据的洼地填充；然后，根据填充后的 DEM 求取全区的流向图，基于流向即可获得各单元的累积流量。通过设定流经某栅格单元的最小汇水单元格数，即可得到全区的集水区。显然，随着设定最小汇水单元数的增大，就可得到更大面积的汇水区，同时，也可通过设定不同的最小汇水单元数，来对研究区进行不同精度水平的研究。从地形学角度出发，汇水区边界即为分水线。为确定河谷线，采用反向 DEM 数据进行上述水文汇水盆地分析，即将原始 DEM 沿某一水平线反转，原来 DEM 高点变为低点，求取的新的汇水边界就变成了河谷线（见图6.3）。使用原始 DEM 数据获得 1 号汇水区，根据反向 DEM 可获取 2 号和 3 号汇水区，同时可见，1 号汇水区被分为左右两个部分，即为所求斜坡单元。

在最终获取斜坡单元栅格数据集的基础上，通过 GIS 软件的栅格矢量转换功能，得到斜坡面域。在此转换过程中，会产生许多假的面集和许多面积很小或不

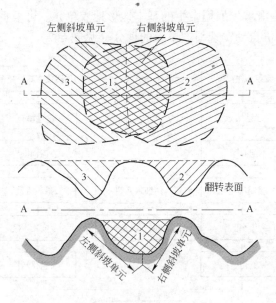

图 6.3   正反向 DEM 求斜坡单元图

协调面集单元，再次通过 GIS 的融合归并功能，削除不合理元素，最终得到斜坡单元面数据集。

（5）基于 GIS 的信息量叠加。

基于 GIS 的信息量叠加包括以下几个步骤：

1）运算方法及过程。在前述评价指标分析和数据归一化的基础上，首先，利用 ArcGIS 系统的空间叠加与统计功能，统计每一评价单元的所有指标值，得到数字矩阵的计算结果；然后，再利用 ArcGIS 平台提供的分析计算功能，将研究区各评价单元数据按照权重分配结果（见表6.1）进行信息叠加计算。

2）运算结果。经过对各个因子信息的叠加计算，得到全区滑坡、崩塌易发程度评价结果。

3）易发程度等级划分。合理地确定易发程度分区界线值也是区划的关键环节之一。一般采用突变点法和等间距法，本次采用前者。经过统计分析，从中找出突变点作为易发程度分区界线值，将区域划分为低易发区、中易发区和高易发区三个不同等级的区域，并给出各单元确定的易发程度等级标准（见表6.2）。

表 6.2   滑坡、崩塌易发程度分区划评价分区

等　级	低易发区	中易发区	高易发区
标　准	0.05～0.40	0.40～0.72	0.72～1.50

在定量计算分级分区的基础上，综合考虑各种因素，人工勾画出吴起县滑坡、崩塌易发程度区划图（见图6.4）。

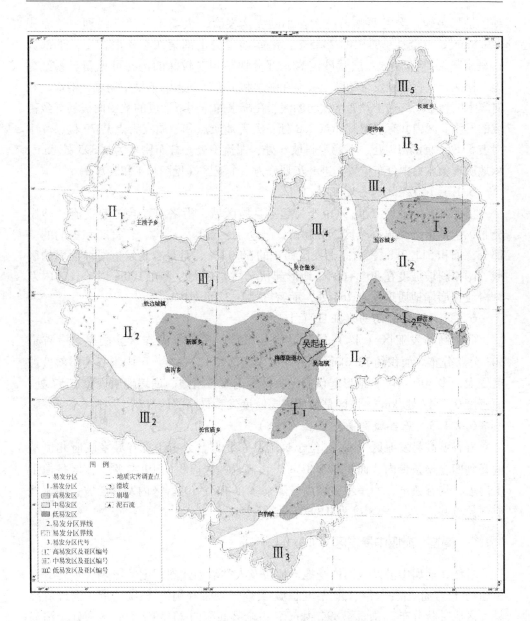

图 6.4 吴起县滑坡崩塌易发程度分区图

6.1.1 滑坡、崩塌高易发区（Ⅰ）

受地形地貌、黄土厚度、植被、人口密集度、人类工程活动强烈程度的影响，滑坡、崩塌高易发区主要分布于洛河流经的县城区域、人工活动强烈的薛岔和受地形控制的王洼子、五谷城。易发区均属洛河支流的Ⅰ、Ⅱ级沟谷，沟谷纵横，地形破碎，沟谷两侧坡度大，小的支沟发育，人类工程活动强烈，总面积929.8km²，占全县总面积的24.5%。出露地层为上部第四系松散黄土，下部为白垩系坚硬-半坚硬的互层状砂泥岩，部分切割相对较深的沟谷可见新近系红黏土。松散、垂直节理发育的黄土极易在降雨和工程活动影响下发生崩塌、滑坡；相对隔水的新近系红黏土及遇水软弱的泥岩在降水的作用下形成的软弱面极易导致滑坡的发生。区内共有遥感解译点288处、灾害地质点和地质灾害点共79处，其中滑坡53处、崩塌19处、不稳定斜坡6处、泥流1处。分布密度为0.395处/km²，依地质现象点集中分布位置，进一步划分为3个亚区（见图6.4和表6.3）。

6.1.1.1　洛源高易发亚区（I₁）

洛源高易发亚区（I₁）位于吴起县县城区域，沿洛河（含主要支流）两岸分布，包括洛源街道办全区，吴起镇、吴仓堡、新寨、庙沟、长官庙和白豹的一部分，面积511.2km²，占高易发区面积的68.11%，是最容易发生滑坡崩塌的区域。两岸斜坡坡度在30°~60°，地形起伏，高差较大，多在100m以上。区内发育滑坡、崩塌地质现象点164处，面密度达0.3208处/km²。

6.1.1.2　薛岔高易发亚区（I₂）

薛岔高易发亚区（I₂）位于吴起县东部，从沙集到志丹县交界，沿省道303公路分布。面积约73.6km²，占高易发区面积12.47%。区内沟谷两岸斜坡坡度变大，多30°~70°，地形起伏高差大。区内发育滑坡、崩塌地质现象点57处，面密度0.7747处/km²。该区是地质灾害密度发育最高的地区。

6.1.1.3　五谷城高易发亚区（I₃）

五谷城高易发亚区（I₃）位于吴起县东北部，分布于五谷城乡政府北侧从桐寨到四合堡条带内，面积145.8km²，占高易发区面积的19.42%。该区是白于山南坡，沟谷狭窄，两岸斜坡坡度较陡，多在40°~70°。区内发育滑坡、崩塌地质现象点共72处，面密度为0.6807处/km²。

6.1.2　滑坡、崩塌中易发区（Ⅱ）

滑坡、崩塌中易发区同样受地形地貌及人类活动强烈程度的影响，主要分布于庙沟-长官庙-白豹一带、薛岔-五谷城-吴仓堡一带和周湾-长城一带，围绕着高易发区成带状分布。总面积894.4km²，占全县面积的23.59%。此区多处于洛河Ⅰ、Ⅱ级河谷的支流、人类活动较强烈、黄土沟谷冲蚀较深、砂层出露较高的区域（位于乱石头川河谷内，出露厚度超过20m）。岩体属坚硬-半坚硬互层状砂泥岩，黄土土体节理裂隙发育、疏松易碎，在降雨和工程活动影响下易于发生崩塌、滑坡。区内遥感解译有199处、调查滑坡49处、崩塌22处、不稳定斜坡2处。共计发育有各类地质现象点272处，面密度0.3041处/km²。依据地质现象点集中分布位置，进一步划分为3个亚区。

表6.3　滑坡崩塌易发程度分区说明

分区	面积/km²	占全区百分比/%	亚区名称	代号	亚区面积/km²	比例/%	灾害（地质）点/处						灾害点密度/处·km⁻²	涉及乡镇
							滑坡	崩塌	不稳定斜坡	泥石流	遥感解译	合计	灾害点密度/处·km⁻²	
高易发区（Ⅰ）	750.5	19.8	洛源高易发亚区	Ⅰ₁	511.2	68.11	37	9	3	1	114	164	0.3208	新寨、洛源、吴起镇、庙沟、白豹
			薛岔高易发亚区	Ⅰ₂	73.6	12.47	2	3	0	0	52	57	0.7747	薛岔
			五谷城高易发亚区	Ⅰ₃	145.8	19.42	3	4	1	0	64	72	0.6807	五谷城
中易发区（Ⅱ）	1526.6	40.3	王洼子中易发亚区	Ⅱ₁	239.3	15.67	11	3	2	0	58	74	0.3093	王洼子、铁边城
			铁-五中易发亚区	Ⅱ₂	1167.4	76.47	46	18	2	0	186	252	0.2122	王洼子、铁边城、庙沟长官庙、薛岔、五谷城
			周湾-长城中易发亚区	Ⅱ₃	119.9	7.85	3	4	0	0	13	20	0.1668	周湾、长城
低易发区（Ⅲ）	1514.5	39.9	铁边城低易发亚区	Ⅲ₁	302.7	19.86	11	1	1	0	38	68	0.0712	铁边城、新寨
			庙沟长官低易发亚区	Ⅲ₂	581.8	38.16	13	8	1	0	61	83	0.1202	庙沟、长官庙
			白豹低易发亚区	Ⅲ₃	90.3	5.92	1	0	0	0	9	11	0.1128	白豹
			吴仓堡低易发亚区	Ⅲ₄	392.3	25.73	7	2	0	0	9	18	0.0712	吴仓堡、新寨、铁边城、薛岔、五谷城
			周湾-长城低易发亚区	Ⅲ₅	147.4	9.67	0	0	0	0	3	3	0.0204	周湾、长城
合计	3791.5						134	52	10	1	610	807	0.2128	

6.1.2.1　王洼子中易发亚区（Ⅱ₁）

王洼子中易发亚区（Ⅱ₁）位于吴起县西北部，以王洼子乡为中心沿头道川河及支流延伸，西北部延伸至县边界，东南延伸至后沟，面积239.3km²，占高易发区面积的15.67%。区内黄土覆盖层较厚，是县内的"高原"，沟谷两岸斜坡坡度35°~65°，其中以35°~50°居多，地形起伏，高差较大，多数达80m以上。区内共发育滑坡、崩塌地质现象点74处，面密度达0.3093处/km²。

6.1.2.2　铁边城-五谷城中易发亚区（Ⅱ₂）

铁边城-五谷城中易发亚区（Ⅱ₂）沿头道川、二道川、三道川以及宁赛川分布于王洼子、铁边城、庙沟、薛岔、五谷城等乡镇内，面积共1167.4km²，占总中易发区面积的76.47%。两岸斜坡坡度在30°~60°，地形起伏，高差较大，多100m以上。发育滑坡地质现象点252处，地质现象点面密度0.2122处/km²。

6.1.2.3　周湾-长城中易发区（Ⅱ₃）

周湾-长城中易发区（Ⅱ₃）位于吴起县东北部，东与靖边县接壤、西与定边县共界，主要分布周湾水库-边墙渠水库一带，是黄土梁涧地区受水作用较严重的地区，面积119.9km²，占中易发区总面积的7.85%。发育滑坡、崩塌等地质现象点20处、调查滑坡点3处、崩塌点4处，点的面密度为0.1668处/km²。

6.1.3　滑坡、崩塌低易发区（Ⅲ）

低易发区主要分布在远离河谷的黄土宽梁峁地区，该区域内黄土梁峁多连续分布，梁峁顶部较宽，虽沟谷狭窄，但切割深度较小，滑坡、崩塌分布密度小，部分人口居住于黄土梁峁之上，在易发滑坡、崩塌点的沟谷内人类活动明显减少，因此该区域内滑坡、崩塌点明显减少。吴起县境内低易发区面积为1967.3km²，占全县总面积的51.89%，低易发区内共有地质现象点168处、遥感解译点123处、调查点45处（其中滑坡32处、崩塌11处、不稳定斜坡2处）。地质现象点面密度0.04431处/km²。依据地质现象点集中分布位置，进一步划分为5个亚区。

6.1.3.1　铁边城低易发亚区（Ⅲ₁）

铁边城低易发亚区（Ⅲ₁）位于吴起县西北部，涉及王洼子、铁边城、新寨等乡镇，面积302.7km²，占低易发区总面积的19.86%。发育滑坡地质现象点11处，调查滑坡1处，解译核查点38处，点的面密度为0.0712处/km²。

6.1.3.2　庙沟-长官庙低易发亚区（Ⅲ₂）

庙沟-长官庙低易发亚区（Ⅲ₂）位于西南部，属于二道川、三道川河的源头区域，包括了庙沟、长官庙等乡镇的部分区域，面积581.8km²，占低易发区总面积的38.16%。发育滑坡和崩塌地质现象点83处，其中调查滑坡13处、崩塌点8处、不稳定斜坡1处，解译核查点61处，点的面密度为0.1202处/km²。

6.1.3.3　白豹低易发亚区（Ⅲ₃）

白豹低易发亚区（Ⅲ₃）位于吴起县南端，位于白豹镇最南，面积90.3km²，占低易发区总面积的5.92%。发育滑坡地质现象点11处，调查滑坡1处、不稳定斜坡1处，解译核查点9处，点的面密度为0.1128处/km²。

6.1.3.4　吴仓堡低易发亚区（Ⅲ₄）

吴仓堡低易发亚区（Ⅲ₄）位于吴起县北部，涉及吴仓堡、新寨、铁边城、薛岔、五谷城等乡镇，面积382.3km²，占低易发区总面积的25.73%。发育滑坡地质现象点68处，调查滑坡18处、崩塌3处，解译核查点47处，点的面密度为0.0712处/km²。

6.1.3.5　周湾-长城低易发区（Ⅲ₅）

周湾-长城低易发区（Ⅲ₅）位于吴起县北端，其内包括了周湾、长城北部较平坦的涧地，面积147.4km²，占低易发区总面积的9.67%。发育滑坡地质现象点3处，地质现象点的面密度为0.0204处/km²。

6.2　地质灾害危险区划分与评价

根据地质灾害点的危险程度和灾害点的威胁范围，以及相关区域内地形地貌、岩土体的破碎程度、结构类型、人类工程活动的强烈程度等因素，同时考虑地质灾害易发区划分，运用GIS方法进行量化，经综合分析，最终进行地质灾害危险区划分与评价。充分考虑以人为本原则，地质灾害点的危险性依据地质灾害稳定性评价结果和险情评价结果（威胁人口及财产数量等），综合分析判别地质灾害点的危险性，并按表6.4所示的标准将地质灾害点的危险性分为危险、次危险和不危险三级。

表6.4　地质灾害危险性与危害程度分级标准

稳定性	灾害程度	危险性
差	重大级、特大级、较大级、一般级	危险
较差	重大级、特大级	危险
较差	较大级、一般级	次危险
好	重大级、特大级	次危险
好	较大级、一般级	不危险

地质灾害点的威胁范围根据灾害点的类型、规模、所处坡体坡度等确定，崩塌体发生的地形坡度大多在50°以上，其危及范围与坡度和高差成正比，可按下述经验法推算：若崩塌体前缘地形坡度小于15°，崩塌体散铺的最远距离约为破裂壁顶点至坡脚高差的1.5~3.0倍；15°~24°时，最远距离约为3~6倍；大于30°时，崩塌体在斜坡上作加速运动，直至减少到25°时，才作减速运动，因此，

凡居住区后山坡在 25°以上，山体上方又有崩塌隐患存在，就应划为崩塌危险区；滑坡的滑距根据运动方式、速度而有所差异，在对调查区滑坡资料统计、分析的基础上，调查区滑坡滑距在数米到数十米之间，因此定 100m 为滑坡的威胁范围区。

6.2.1　地质灾害危险区划分

6.2.1.1　危险程度评价指标体系

地质灾害危险区是指明显可能发生地质灾害且将可能造成较多人员伤亡和严重经济损失的地区。因此，其区域划分应基于地质灾害演化趋势，采用造成损失的地质灾害点，结合地质灾害形成条件与触发因素、演变趋势与人类工程活动，从而圈定不同区域地质灾害的危险程度。

依据此原则，在地质灾害形成条件分析的基础上，采用目标分析方法建立了吴起县滑坡危险程度评价的三层结构指标体系（见图 6.5）。

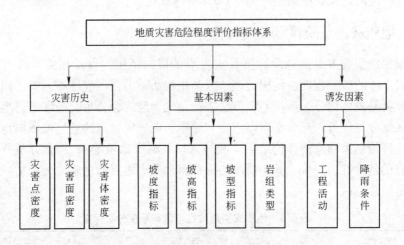

图 6.5　地质灾害危险程度评价指标体系框图

A　灾害历史

灾害历史即已有地质灾害群体统计，主要考虑已有造成损失的滑坡、崩塌的数量和规模。鉴于遥感解译而未经调查的滑坡、崩塌以及不稳定斜坡一般都属于未造成损失的自然地质现象，故本次以已经造成或有潜在危害的实际调查的滑坡、崩塌、不稳定斜坡为依据，采用其点密度、面密度和体积密度来表征。

B　基本因素

基本因素指控制和影响地质灾害发生的地质环境条件背景，如坡度、坡高、坡型和岩土体类型等。

C 诱发因素

诱发因素指诱发（或触发）地质环境系统向不利方向演化甚至导致地质灾害发生的各种外动力和人类活动因素，包括降雨和人类工程活动。

确定权重的方法主要包括专家打分法、调查统计法、序列综合法、公式法、数理统计法、层次分析法和复杂度分析法。其中，层次分析法是由多位专家的经验判断并结合适当的数学模型再进一步运算确定权重的（见图 6.6），是一种较为合理可行的系统分析方法。本次研究就采用这种方法，根据专家、灾害研究者自己的体会和经验，填写黄土崩滑灾害重要性比较矩阵（见表 6.5）。

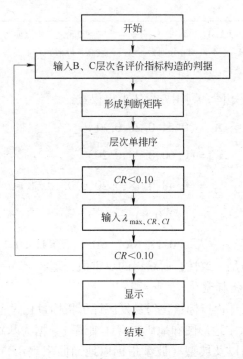

图 6.6 层次分析法确定权重的流程

表 6.5 区域滑坡危险程度综合评价指标体系重要度比较矩阵

A	A_1	A_2	A_3	
A_1	1	3	5	
A_2	1/3	1	3	
A_3	1/5	1/3	1	
A_1	A_{11}	A_{12}	A_{13}	
A_{11}	1	3	3	
A_{12}	1/3	1	1	
A_{13}	1/3	1	1	

A_2	A_{21}	A_{22}	A_{23}	A_{24}
A_{21}	1	3	4	5
A_{22}	1/3	1	1/2	3
A_{23}	1/4	2	1	3
A_{24}	1/5	1/3	1/4	1
A_3	A_{31}	A_{32}		
A_{31}	1	1/4		
A_{32}	4	1		

注：A_1 代表灾害历史因素，A_{11}、A_{12}、A_{13}分别为：灾点点密度、灾点面密度、灾点体密度；A_2 代表基础因素，A_{21}、A_{22}、A_{23}、A_{24}分别为：坡度，坡高，坡形和岩土类型；A_3 代表诱发因素，A_{31}、A_{32}分别为：气象条件，人类工程活动。

基于重要度比较矩阵，利用方根法求得权重：

$$\boldsymbol{A} = (0.64, 0.26, 0.11)$$

$$\boldsymbol{A}_1 = (0.60, 0.20, 0.20)$$

$$\boldsymbol{A}_2 = (0.48, 0.18, 0.20, 0.06, 0.08)$$

$$\boldsymbol{A}_3 = (0.2, 0.8)$$

经一致性检验可知：$CRA < 0.1$，$CRA_1 < 0.1$，$CRA_2 < 0.1$，$CRA_3 < 0.1$。
即各判断矩阵满足一致性，所获得的权重值合理。

6.2.1.2　评价指标量化

地质灾害危险区评价指标量化与易发区评价指标量化过程类似，仍然以吴起县 1∶50000 比例尺数字地形图和地质灾害详细调查数据为基础，分别提取基本评价指标：坡度、坡高以及坡型（坡型指标以地面曲率表示）和已有滑坡崩塌群体统计指标。由于完全基于调查地质灾害点数据，因此能够获取评价单元内精确的灾害点密度、面积密度以及体积密度。

人类工程活动的量化同前，向两边做三个缓冲区，以 ArcGIS 为工具，分别做出上面同易发区类似的全区的各个指标量化分级图，然后生成数字矩阵作为后面评判的基础数据集。

本次危险程度评价单元的剖分与易发程度区划的单元剖分一致。整个调查区以幼年期沟谷中的三级支流干沟、冲沟等划分为计算单元。

6.2.1.3　基于 GIS 的信息量叠加

A　运算方法及结果

将上述各个评价指标的量化值生成数字矩阵，利用 GIS 系统的空间叠加与统计功能，计算每一个单元格的所有评价指标值，然后得到数字矩阵的计算结果。再利用 ArcGIS 平台提供的分析计算功能，将研究区各评价单元数据按照权重分配结果，分级进行信息叠加计算，获取每个单元的危险程度指标。

B　危险程度等级分区

综合前面的分析，本次研究经统计分析（主观判断）找出突变点作为分界点，将区域划分为低危险、中危险和高危险三个等级。在定量计算分级分区的基础上，综合考虑各种因素，人工勾画出吴起县地质灾害危险程度分区图（见图6.7）。

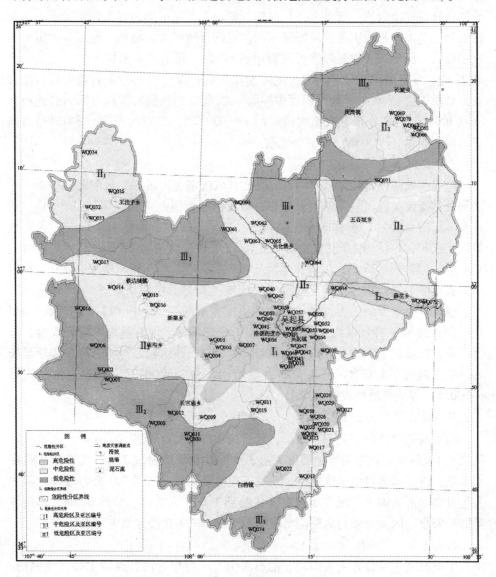

图6.7　吴起县地质灾害危险程度分区

6.2.2　地质灾害危险区分区评价

在地质灾害低危险、中危险和高危险区划分的基础上，结合地质灾害危险区分布区域的地理位置，进一步划分为亚区，见表6.6。

6.2.2.1　高危险区（Ⅰ）

吴起县地质灾害高危险区主要分布于吴起县洛源街道办及薛岔303省道沿线这两个区域内，总面积约534.9km²，占全县面积的14.11%。该区内人口密集，城镇化建设速度较快，流动人口往来较频繁，人类建房修路等工程活动强烈。分区的划分基本和地质灾害高易发区相同，局部有所扩大，滑坡、崩塌等灾害分布密度较大。历史灾害发育较多，发育滑坡30处，其中危险滑坡5处、次危险滑坡25处；发育崩塌9处，均为次危险崩塌3处；次危险不稳定斜坡1处。共计发育地质灾害点40处，危险程度中的危险-次危险的地质灾害点占区内总地质灾害点100%。区内分布有大路沟滑坡(1)（WQ072）、政府沟泥流（WQ049）、燕麦地沟门崩塌（WQ055）等重要地质灾害点。

A　洛源高危险亚区（Ⅰ₁）

吴起县城区位于调查区中部，以吴起县城区洛源街道办、吴起镇为中心，沿洛河及其支流头道川、二道川等分布，涉及洛源街道办（14）、吴起镇（8）、新寨乡、庙沟乡（4）、长官庙乡、白豹镇（11）等乡镇，面积456.1km²，占高危险区面积85.26%。现今发育地质灾害点37处，发育滑坡28处，其中危险滑坡3处、次危险滑坡25处；发育次危险崩塌8处；次危险不稳定斜坡1处；次危险的泥石流沟1条。该区城镇化建设速度较快，人类工程活动强烈，分布有公路、城镇建筑以及重要的工程设施。现今地质灾害威胁到134户613人的生命、655孔（间）窑洞（房）及约1120m公路和1个加油站、原有基地等财产安全，危害严重，极易发生灾害；人口密度相对较大，村民建房切坡等不合理工程活动较多，潜在地质灾害发育。区内分布有政府沟泥流（WQ049）、燕麦地沟门崩塌（WQ055）等重要地质灾害点。

B　薛岔高危险亚区（Ⅰ₂）

薛岔高危险区位于吴起县东部，沿省道303分布，面积78.8km²，占高危险区面积14.74%。现今发育地质灾害点3处，发育危险滑坡2处；发育次危险崩塌1处。该区基础建设速度较快，人类工程活动强烈，省道303公路改建过程中发生过多起滑坡灾害。现今地质灾害威胁到1户5人5窑、公路640m、炸药库等财产安全。区内分布有大路沟滑坡(1)（WQ072）等重要地质灾害点。

6.2.2.2　中危险区（Ⅱ）

中危险区主要分布于头道川、乱石头川、宁赛川等河谷及其主要支流两侧，人口居住沿河谷较为集中，人工开挖修路、建窑、采油等活动较强烈。该区涉及

表 6.6 吴起县地质灾害危险程度分区

分区	面积/km²	比例/%	亚区名称	代号	亚区面积/km²	比例/%	滑坡危险性/处			崩塌危险性/处			不稳定斜坡危险性/处			合计/处	灾害点密度/处·km⁻²	涉及乡镇及隐患点/处
							大	中	小	大	中	小	大	中	小			
高危险区(Ⅰ)	534.9	14.11	洛源高危险亚区	Ⅰ₁	456.1	85.26	3	25	0	0	8	0	0	0	1	37	0.0811	洛源街道办(14)、吴起镇(8)、新寨乡(4)、长官庙乡、白豹镇(11)
			薛岔高危险亚区	Ⅰ₂	78.8	14.74	2	0	0	0	1	0	0	0	0	3	0.0381	薛岔乡(2)、吴起城(1)、五谷城乡
中危险区(Ⅱ)	1898.5	50.07	王洼子中危险亚区	Ⅱ₁	200.1	12.70	1	0	0	1	1	0	0	0	0	4	0.0200	王洼子乡(4)
			庙-五中危险区	Ⅱ₂	1526.7	80.42	1	9	0	0	4	0	0	0	0	15	0.0132	吴仓堡(5)、新寨(1)、庙沟、长官庙、白豹(4)、吴起镇、五谷城、铁边城(3)、五谷城(1)
			周-长中危险亚区	Ⅱ₃	171.8	10.91	0	3	0	0	2	0	0	0	0	5	0.0291	周湾、长城(5)
低危险区(Ⅲ)	1358.0	35.82	王洼子低危险亚区	Ⅲ₁	351.0	20.87	0	1	0	0	0	0	0	0	0	1	0.0028	王洼子、吴仓堡(1)、新寨
			庙-长低危险亚区	Ⅲ₂	492.3	29.27	2	4	0	0	0	0	1	0	0	8	0.0163	庙沟(3)、长官庙(4)、铁边城(1)
			白豹低危险区	Ⅲ₃	69.0	4.10	0	0	0	0	0	0	1	0	0	1	0.0145	白豹(1)
			五谷城低危险区	Ⅲ₄	558.5	33.21	0	0	0	0	0	0	0	0	0	0	0.0000	五谷城、吴仓堡、薛岔
			周-长低危险亚区	Ⅲ₅	150.8	8.97	0	0	0	0	0	0	0	0	0	0	0.0000	周湾、长城
合计	3791.5				3791.5	100%	9	42	0	1	17	0	2	2	1	74	0.0195	每100km²约有2处地质灾害隐患点

了 12 个乡镇的部分区域，总面积约 1898.5km²，占全区面积 50.07%。其整体分区状况基本与地质灾害中易发区的分布重合。发育地质灾害点 24 处，发育滑坡14 处，其中危险滑坡 15 处、次危险滑坡 9 处；发育崩塌 6 处，其中危险崩塌 1处、次危险崩塌 5 处；次危险不稳定斜坡 2 处。地质灾害威胁到约 68 户 1305 人的生命、342 孔（间）窑洞（房）等财产安全及长约 410m 的乡道、县道、国道等公路、1 所中学、2 口油井等。许咀滑坡（WQ014）、吴仓堡中学滑坡（1）（WQ065）、邢河滑坡（WQ071）等重要地质灾害点分布在该区。

A　王洼子中危险区（Ⅱ₁）

王洼子中危险区（Ⅱ₁）主要为王洼子乡北部黄土梁峁地区，黄土厚度较大，总面积 200.14km²，占中危险区面积的 12.70%。该区内坡度较高，高差大，沿河两侧人口居住密度较大，修路建房等工程活动较强烈，采矿、采油等工程活动设施零星展布。发育地质灾害点 4 处，发育危险滑坡 1 处；发育危险崩塌 1 处、次危险崩塌 1 处；次危险边坡 1 处。地质灾害威胁到 2 户 8 人 7 窑以及王洼子乡政府约 200 人及乡政府用房等财产安全。

B　庙沟-五谷城中危险亚区（Ⅱ₂）

庙沟-五谷城中危险亚区（Ⅱ₂）内包含了吴仓堡（5）、新寨（1）、庙沟、长官庙（1）、白豹（4）、五谷城（1）、吴起镇、铁边城（3）的大部分区域，面积 1526.7km²，占中危险区面积 80.42%。发育地质灾害点 15 处，其中次危险滑坡 10 处；发育次危险崩塌 4 处；可能产生次危险的斜坡地段 1 处。地质灾害威胁到 46 户 202 人的生命，188 孔（间）窑洞（房）和 1 所中学 500 师生及校舍、公路 280m、油井 2 口、砖厂 1 个等财产安全。

C　周湾-长城中危险亚区（Ⅱ₃）

周湾-长城中危险亚区（Ⅱ₃）内包含了周湾水库和边墙渠水库区域，面积171.8km²，占中危险区面积 10.91%。发育地质灾害点 5 处，其中次危险滑坡 3处；发育次危险崩塌 2 处。地质灾害威胁到 22 户 100 人的生命，101 孔（间）窑洞（房）等财产安全。

6.2.2.3　低危险区（Ⅲ）

吴起县内，在地形地貌、岩土体工程性质、人口分布密度及人类工程活动强烈程度等综合因素的影响下，低危险区在县内从南到北、从东到西都有分布，主要为一些人口分布密度小、人类活动不强烈、沟谷较狭窄的梁峁残塬区，各乡镇均有分布；面积约 1358.0km²，占全区面积的 35.82%，全区仅 10 处灾害点。

A　王洼子低危险区（Ⅲ₁）

王洼子低危险区（Ⅲ₁）在王洼子中危险区南边，地形起伏较大，高差较大，面积 351.0km²，占中危险区面积 20.87%，地质灾害分布密度 0.0028 处/km²。发育地质灾害点 1 处，为次危险滑坡。地质灾害威胁到 1 户 3 人 3 窑等财产安全。

B 庙沟-长官庙低危险区（Ⅲ₂）

庙沟-长官庙低危险区（Ⅲ₂）内包含了吴起县西南部的大部分区域，面积492.3km²，占中危险区面积29.27%，地质灾害分布密度0.0163处/km²。发育地质灾害点8处，其中危险滑坡2处、次危险滑坡4处；发育次危险崩塌1处。地质灾害威胁到40户194人的生命，110孔（间）窑洞（房）及3口油井1个油田基地等财产安全。

C 白豹低危险区（Ⅲ₃）

白豹低危险区（Ⅲ₃）沿白豹川南部山区分布，面积69.0km²，占中危险区面积4.10%。发育地质灾害点1处，危险的边坡（袁和庄不稳定斜坡）。地质灾害威胁到吴起第二采油厂袁和庄注水站等财产安全。

D 五谷城低危险区（Ⅲ₄）

五谷城低危险区（Ⅲ₄）沿宁赛川上游的部分区域，是白于山的南坡向黄土梁峁地区过渡的地带，面积558.5km²，占中危险区面积33.21%。暂未发育地质灾害点。

E 周湾-长城低危险区（Ⅲ₅）

周湾-长城低危险区（Ⅲ₅）内包含了周湾水库和边墙渠水库以北的区域，面积150.8km²，占中危险区面积8.97%。暂未发育地质灾害点。

6.2.3 乡镇地质灾害危险区划分与评价

吴起县环境地质条件差别不大，但因不规范的人类工程活动强弱悬殊，地质灾害发育程度有较大差异，为便于各乡镇开展地质灾害防治工作，现以乡镇为单位，分述其地质灾害发育程度（见表6.7）。

从表6.7可以看出滑坡崩塌点分布密度最大的是洛源街道办（地质灾害现象点分布密度为0.779处/km²），其次是吴起镇和王洼子乡（地质灾害现象点分布密度分别为0.324处/km²和0.308处/km²）。

吴起县地质灾害现象点的分布受地质条件的控制，在人类工程活动的影响下加剧发育，并具有一定的易发规律和危险分区性。

6.2.3.1 乡镇地质灾害易发区划分

为了有效地指导吴起县地质灾害防治工作，按照调查区内乡镇分别统计了地质灾害的类型、规模、数量，以及不同易发区的面积和比例（见表6.8），各乡镇中易发区集中在洛源街道办、王洼子乡、吴起镇，其次是薛岔、五谷城。洛源街道办全部位于高易发区内；而王洼子由于山高坡陡，粉土质黄土覆盖层偏厚，是第二高的高易发区。

6.2.3.2 乡镇地质灾害危险区划分

调查区地质灾害高危险区域所占比例最高的为洛源街道办，高危险程度区域

表 6.7 吴起县滑坡崩塌点各乡镇分布

（处）

乡镇	面积 /km²	勘探点	测绘点	隐患点					调查点							核查点		分布密度 /处·km⁻²	总计
				斜坡	滑坡	崩塌	泥石流	合计	地质点 斜坡	地质点 滑坡	地质点 崩塌	地质点 泥石流	地质点 合计	共计	环境点	滑坡	崩塌		
洛源街道办	41.1		3	1	9	3	1	14		12	6		18	32	4	0	0	0.779	35
吴起镇	336.6	1	7		6	3		9	1	28	6		35	44	10	65		0.324	120
白豹镇	478.0		1	1	14	1		16		4	2		6	21	25	46		0.140	92
长官庙乡	244.7				4	1		5		1	1		2	7	16	29		0.147	52
庙沟乡	371.7			1	5	1		7		8	1		9	16	8	19		0.094	43
铁边城镇	318.7				4			4		0	1		1	5	13	49	1	0.173	68
王洼子乡	289.2			1	1	2		4	1	10	1		12	16	16	73		0.308	105
新寨乡	303.5		1		1			1	2	5	3		10	11	5	77		0.290	93
吴仓堡乡	357.4		1		2	3		5	1	5	6		12	17	3	56	3	0.213	79
周湾镇	238.3							0		2	2		4	4	4	18	1	0.097	27
长城乡	167.7				3	2		5		2	1		3	8	1	4	1	0.078	14
五谷城乡	390.3			1	1			2		4	4		8	10	5	102	2	0.292	119
薛岔乡	254.3	1	1		1	1		2		2	1		3	5	3	64		0.271	72
总 计	3971.5	2	14	5	51	17	1	74	5	83	35	0	123	197	113	602	8	0.203	920

面积比例达 100%，其次是吴起镇、新寨乡、薛岔乡，面积比例分别达到了
75.5%、26.3% 和 24.2%。为了保证当地人民生命财产安全和经济建设顺利进
行，需要对以上几个乡镇加强地质灾害监测工作。王洼子、五谷城、周湾、长城
等乡外镇，基本无高危险区域分布（见表6.9）。

表 6.8　各乡镇地质灾害易发分区区划

乡　镇	总面积/km²	易　发　分　区					
		高易发区		中易发区		低易发区	
		面积/km²	比例/%	面积/km²	比例/%	面积/km²	比例/%
洛源街道办	41.1	41.1	100	0		0	
吴起镇	336.6	129.7	38.5	163.7	48.6	43.2	12.8
白豹镇	478.0	97.1	20.3	41.5	8.7	339.4	71.0
长官庙乡	244.7	34.7	14.2	81.3	33.2	128.7	52.6
庙沟乡	371.7	84.1	22.6	31.4	8.4	256.2	68.9
铁边城镇	318.7	5.8	1.8	216.6	68.0	96.3	30.2
王洼子乡	289.2	257.1	88.9	0	0.0	32.1	11.1
新寨乡	303.5	113.6	37.4	11.4	3.8	178.5	58.8
吴仓堡乡	357.4	0	0.0	113.9	31.9	243.5	68.1
周湾镇	238.3	4.3	1.8	72.1	30.3	161.9	67.9
长城乡	167.7	0	0.0	79.4	47.3	88.3	52.7
五谷城乡	390.3	101.5	26.0	109.2	28.0	179.6	46.0
薛岔乡	254.3	68.8	27.1	97.3	38.3	88.2	34.7
总　计	3971.5	929.8		894.4		1967.3	

表 6.9　各乡镇地质灾害易发分区区划

乡　镇	总面积/km²	危险程度分区					
		高危险区		中危险区		低危险区	
		面积/km²	比例/%	面积/km²	比例/%	面积/km²	比例/%
洛源街道办	41.1	41.1	100	0		0	
吴起镇	336.6	254.3	75.5	82.3	24.5	0	
白豹镇	478.0	97.1	20.4	229.3	47.9	151.6	31.7
长官庙乡	244.7	34.7	13.9	67.8	27.7	139.7	57.1
庙沟乡	371.7	74.7	20.1	127.6	34.3	169.4	45.6
铁边城镇	318.7	55.3	17.3	119.5	37.5	143.9	45.2

乡　镇	总面积 /km²	危险程度分区					
		高危险区		中危险区		低危险区	
		面积 /km²	比例/%	面积 /km²	比例/%	面积 /km²	比例/%
王洼子乡	289.2	0	0	206.1	71.3	83.1	28.9
新寨乡	303.5	79.7	26.3	145.7	48.0	78.1	25.7
吴仓堡乡	357.4	10.3	2.9	226.3	63.3	120.8	33.8
周湾镇	238.3	0		83.7	35.1	154.6	64.9
长城乡	167.7	0		114.8	68.5	52.9	31.5
五谷城乡	390.3	0		226.7	58.1	163.6	41.9
薛岔乡	254.3	61.7	24.2	26.4	10.4	166.2	65.4
总　计	3971.5	534.9		1574.9		1681.7	

7 地质灾害防治对策

7.1 地质灾害防治措施

7.1.1 地质灾害防治原则

地质环境保护与防治是预防地质灾害的根本措施。为了保护人民生命财产安全，保障经济和社会的可持续发展，必须在以人为本和构建和谐社会的思想指导下，坚持科学发展观，切实保护、改善和合理利用地质环境，防治地质灾害。

7.1.1.1 地质环境主要特点

延安市吴起县位于陕北黄土高原陕北斜坡中西部，其地质环境主要具有以下特点：

（1）属干旱、半干旱大陆季风性气候，降水稀少且有明显的季节性，蒸发强烈，水资源贫乏，生态环境脆弱。

（2）沟壑纵横，地形破碎，环境地质条件差，适宜城镇、重要工程设施建设的场地条件较少。

（3）黄土分布广泛，结构疏松，水土流失严重，滑坡、崩塌、泥石流等地质灾害严重。

（4）黄土具有垂直节理发育和湿陷性的特性，在斜坡地带为降水快速入渗提供了通道，地下水活动成为地质灾害发生的重要影响因素。

（5）人类工程活动主要集中在河谷地区，不合理的人类工程活动已成为引发地质灾害的重要因素。

7.1.1.2 地质灾害防治原则

针对本区地质环境特点，地质灾害环境保护应遵循：针对不同地质地貌单元实行保护和利用相结合的方针；高度重视地质环境保护与地质灾害防治规划；加强地质环境监测与资料积累；同时整顿和清理危窑；继续重视地质灾害防治知识教育与群测群防网络建设，并与可持续发展相结合。

地质灾害防治应坚持以下几项原则：

（1）与城乡规划、新农村建设相结合的预防原则。

（2）与环境保护和灾害防治相结合的协调原则。

（3）保护优先、防治结合的人本原则。

（4）与常规水土保持相结合的综合原则。

（5）工程措施与生物措施相结合的长效原则。

（6）统筹兼顾、突出重点的先后原则。

（7）保证安全下的经济合理原则。

（8）宣传教育与法制管理相结合的群测群防原则。

7.1.2　地质灾害防治措施

地质灾害防治措施较多，一般包括避让措施、生物措施、工程措施、行政措施、法律措施等，这些措施在本区均适宜，这里就不再赘述。本节仅针对调查区地质环境条件，依据本次总结的地质灾害发育特征和分布规律，为新农村建设、城市建设、重要工程基础设施建设提供场地选择和边坡设计方面的建议。

7.1.2.1　场地选择

吴起县沟壑纵横，地形破碎，建设场地狭窄，建设用地场址选择首先要考虑的是场地斜坡稳定性问题，在综合分析和对比场地工程地质条件的同时，还应考虑附近斜坡所处的沟谷发育期、坡体地质结构、坡体形态以及地下水活动等因素，综合确定适宜的建设场地。

A　沟谷发育期

沟谷发育程度决定了斜坡变形破坏的方式和强度，对滑坡、崩塌地质灾害的发生具有明显的控制作用，建设用地场址应选择在老年成型河谷中，即河谷宽阔、河谷地形较平坦、谷坡较舒缓的地段，不宜在下切与侧蚀作用强烈的壮年期河谷以及幼年期沟谷中修建。

B　坡体地质结构

斜坡地质结构决定了斜坡变形破坏的方式和软弱结构面的位置，对滑动面的位置具有明显的控制作用，建设用地场址应选择在坡体地质结构稳定的地段。尤其要注意的是，黄土斜坡的稳定性与黄土中发育的 X 节理有关，发育有顺坡向一组节理的坡体往往属于不稳定斜坡，选址时应注意避让。

C　坡体形态

坡体形态包括以下三个因素：

（1）斜坡坡高：指斜坡的相对高度。据调查资料统计，所有 74 处隐患点都发生在原始坡高不小于 35m 的斜坡上；坡高超过 100m 的陡坡有 17 处，其中 15 处发育滑坡、2 处发育崩塌。

（2）斜坡坡度：据调查资料统计，黄土滑坡发生在原始坡度集中分布于 29°~40° 的斜坡上；崩塌发生在坡度大于 60° 的斜坡上；不稳定斜坡集中分布于坡度大于 50° 的斜坡地段。

（3）斜坡坡型：据调查资料统计，直线形和凸起形正向类斜坡明显较负向类斜坡更容易产生滑坡地质灾害，正向类斜坡 36 处，占发生的滑坡总数的

70.6%。

建设用地场址应选择在凹形和阶梯形坡负向类斜坡附近，尽量远离直线形和凸起形正向类斜坡，坡高不宜超过30m，坡度以小于30°为佳。

D 地下水活动

在黄土斜坡的古土壤层和泥岩上部会形成上层滞水，甚至局部潜水；在水库或淤地坝附近，形成局域地下水。地下水活动降低了黄土强度，改变了坡体应力状态，对斜坡稳定性造成明显影响。建设用地场址选择时应注意调查水文地质条件，分析地下水活动及其产生的不利影响，尽量避开节理、裂隙、落水洞、陷穴发育、地下水活动强烈等易引发地质灾害的地段。

7.1.2.2 边坡设计

选择的建设场地，当其附近的斜坡无法满足稳定性要求或风险较大时，应采取防治措施。无论是对尚未严重变形与破坏的斜坡进行预防，还是对已经有严重变形与破坏的斜坡进行治理，都涉及边坡设计问题。边坡设计一方面取决于所处的工程地质条件，另一方面则与工程建设的重要程度和级别有关，如城市、乡镇、居民点、重要工程设施、交通干线等建设对边坡安全系数的要求不尽相同，所以，这里仅提一些原则性建议。

A 防水措施

黄土中发育有垂直节理、裂隙、陷穴、落水洞等渗水通道，降水在地表汇集后，很快渗入地下，或在古土壤面之上形成上层滞水，或在基岩之上形成潜水，常常使地下水位抬升，岩土体含水量增大，结构面被软化，强度降低，引发斜坡变形与失稳。所以，边坡防治设计应该遵循防水措施为先的原则。

防水措施可以根据工程重要性综合选用堵截措施、引水措施和疏排措施，具体如下：

（1）堵截措施就是对已有的节理、裂隙、陷穴、落水洞、鼠洞等渗水通道进行回填、夯实，堵截地表水汇集灌入。这一方法是防水措施中的首选方法，尤其是对于新出现的险情，乡镇和居民点附近的隐患点，在实施其他措施之前，应首先采取堵截的方法防止地表水汇集灌入。

（2）引水措施就是修筑截水沟、槽、排水暗沟和排水沟，及时将地表水及泉水引走，减少其停滞下渗的机会。这一方法是本区防治黄土地质灾害最有效的方法之一，但应做到沟、槽切实不漏水，并设计检漏措施。

（3）疏排措施主要是指在水库、淤地坝附近建设时，由于地下水位相对较高，对斜坡稳定性产生不利影响，必要时可采取疏排地下水，降低地下水位的措施。

B 削坡措施

通过削坡、减荷措施，使斜坡高度降低，坡度减小，是本区防治黄土地质灾害最有效的措施之一。由于城市、乡镇、居民点、重要工程设施、交通干线等建设对边坡安全系数的要求不同，所以削坡、减荷的程度也不同。

　　a　安全系数

　　安全系数可参照《滑坡防治工程设计与施工技术规范》（DT/Z 2006）取值，根据受灾对象、受灾程度、施工难度和工程投资等因素，可按表7.1所示对滑坡防治工程进行综合划分，滑坡防治工程设计参考安全系数可按表7.2所示选取。

表7.1　一般滑坡防治工程分级

级　别		Ⅰ	Ⅱ	Ⅲ
危害对象		县级和县级以上城市	主要集镇、大型工矿企业、重要桥梁、国道专项设施	一般集镇、县级或中型工矿企业、省道及一般专项设施
受灾程度	危害人数/人	>1000	1000～500	<500
受灾程度	直接经济损失/万元	>1000	1000～500	<500
	潜在经济损失/万元	>10000	10000～5000	<5000
施工难度		复杂	一般	简单
工程投资/万元		>1000	1000～500	<500

表7.2　滑坡防治工程设计参考安全系数

安全系数类型	工程级别与工况											
	Ⅰ级防治工程				Ⅱ级防治工程				Ⅲ级防治工程			
	设　计		校　核		设　计		校　核		设　计		校　核	
	工况Ⅰ	工况Ⅱ	工况Ⅲ	工况Ⅳ	工况Ⅰ	工况Ⅱ	工况Ⅲ	工况Ⅳ	工况Ⅰ	工况Ⅱ	工况Ⅲ	工况Ⅳ
抗滑动	1.3～1.4	1.2～1.3	1.10～1.15	1.10～1.15	1.25～1.30	1,15～1.30	1.05～1.10	1.05～1.10	1.15～1.20	1.10～1.20	1.02～1.05	1.02～1.05
抗倾倒	1.7～2.0	1.5～1.7	1.3～1.5	1.3～1.5	1.6～1.9	1.4～1.6	1.2～1.4	1.2～1.4	1.5～1.8	1.3～1.5	1.1～1.3	1.1～1.3
抗剪断	2.2～2.5	1.9～2.2	1.4～1.5	1.4～1.5	2.1～2.4	1.8～2.1	1.3～1.4	1.3～1.4	2.0～2.3	1.7～2.0	1.20～1.30	1.20～1.30

注：1. 工况Ⅰ—自重；2. 工况Ⅱ—自重＋地下水；3. 工况Ⅲ—自重＋暴雨＋地下水；4. 工况Ⅳ—自重＋地震＋地下水。

　　b　坡型、坡比的选择

　　影响边坡稳定的因素多种多样，也极为复杂，主要包括坡型、坡比、地质结构以及自然因素等。边坡设计时，地质结构和自然因素一般已经确定，可设计的因素主要是坡型和坡比，做到既要边坡安全，又要节省工程量，选择合理的坡型和坡比是边坡设计的关键。

据野外调查和有关文献资料，区内存在直线形边坡、凸形边坡、凹形边坡和阶梯形边坡4大类，阶梯形边坡是黄土地区最适宜的坡型。

通过力学验算和野外调查已有的边坡，在平均坡比相同的条件下，一般在坡高的1/3稍高处设6~10m的大平台，较一坡到顶或小平台的坡型，既经济又安全。其原因在于，在平台以下采用陡坡，开挖的土方量少，起到压脚的作用，可以增加边坡土体的抗滑能力；在大平台以上采用陡坡，可使平台加宽，起到削顶的作用，相应地减少了边坡土体的滑动力，而黄土直立性强的特性得到充分利用。所以，在地质灾害防治工程设计时宜选用大平台的坡型。

建议单级坡比1:0.4~1:0.6，单坡坡高10~15m，大平台宽度6~8m；当坡高大于40m时，中部设8~12m大平台。图7.1所示提供了30~60m坡高，可供选择的坡型与坡比设计断面图。在地质灾害防治时，可根据工程级别和具体工程地质结构，参照适合的坡型与坡比设计。

C 斜坡防护

斜坡防护包括：

（1）坡面防护：主要是防止坡面水流冲刷、冻融风化和裂隙剥落等。本区黄土裂隙发育，古土壤风化严重，降水量大而且暴雨集中。因此，边坡应考虑采取生物措施进行防护。

（2）坡脚防护：因边坡存在各种裂隙，并且一般坡脚土体应力集中，为了不使裂隙进一步发展，甚至导致边坡破坏，高边坡坡脚应进行砌护。砌护的种类主要有浆砌片石、白灰浆砌料姜石、泥砌料姜石等。

针对不同类型地质灾害发生的主要原因，采取综合的地质灾害防治措施，可供采取的地质灾害防治措施各有特点，应结合具体条件而定（见表7.3）。

7.2 应急搬迁避让新址

应急搬迁避让是减少农村地质灾害损失最为有效的措施之一。但是，由于以往基础工作不够扎实，常常出现从一个隐患点搬迁到另一个隐患点上的现象，仍没有避开地质灾害的威胁，也造成不应有的经济损失。地质灾害应急搬迁避让新址的选择目的就是为了杜绝这一现象的重演。地质灾害应急搬迁避让新址可以从区域上和点上两个方面来研究：区域上主要是开展地质灾害应急搬迁避让新址工程地质区划，编制搬迁场址建议分布图，划分出适宜、基本适宜区作为建设新址的区域，为搬迁避让和应急搬迁避让提供宏观依据；点上主要是根据调查结果，挑选出地质灾害危险程度大的点，针对灾害点的具体情况，选择适宜应急搬迁避让的新址，为该点搬迁避让和应急搬迁避让提供点上依据。

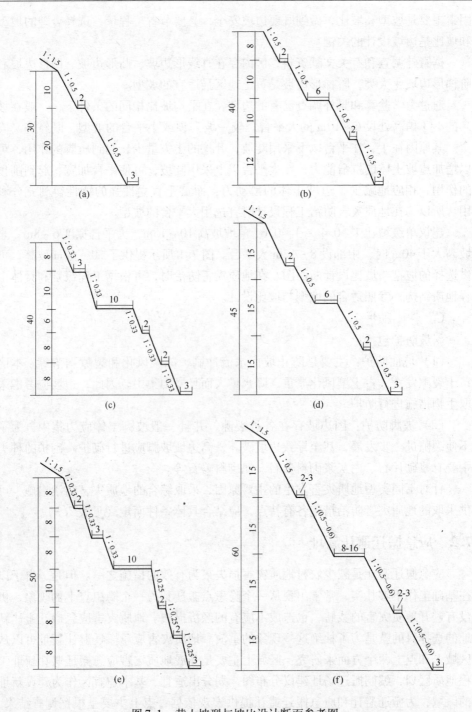

图 7.1   黄土坡型与坡比设计断面参考图
(a) 30m 坡高；(b) 40m 坡高 (1)；(c) 40m 坡高 (2)；
(d) 45m 坡高；(e) 50m 坡高；(f) 60m 坡高

表7.3 地质灾害防治措施一览表

主要原因		地质灾害类型		
		滑坡	崩塌	不稳定斜坡
自然原因	河流侵蚀	修筑淤地坝，护岸，植被绿化	修筑淤地坝，护岸，植被绿化	修筑淤地坝，护岸，植被绿化
	降雨侵蚀及渗入	防渗、引水和疏排措施，退耕还林，气象预警，避让，抗滑工程	防渗、引水和疏排措施，退耕还林，气象预警，避让	防渗、引水和疏排措施，退耕还林，气象预警，避让
人为原因	选址不当	科学选址，灾害评估	科学选址，灾害评估	科学选址，灾害评估
	开挖坡脚	严格审批，合理施工	严格审批，合理施工	严格审批，合理施工
	工程加载	减载，压脚		减载
	库渠渗水	严格检查，堵漏防渗	严格检查，堵漏防渗	严格检查，堵漏防渗
	生活排污	防渗、引水措施	防渗、引水措施	防渗、引水措施
	爆破震动	禁爆或远离	禁爆或远离	禁爆或远离

7.2.1 应急搬迁避让新址工程地质区划

吴起县以白于山为界分为黄土梁涧区和黄土梁峁沟壑区两大地貌单元，形成的黄土梁峁沟壑区内洛河水系与流向调查区外黄土梁涧区的无定河水系两大水流。洛河主要支流为头道川河、二道川河、三道川河、白豹川河、杨青川、宁赛川、颗颗川、乱石头川河等，其间黄土梁峁地又构成次一级的近东西向局部分水岭。分水岭之间沟谷呈树枝状密集分布，形成黄土丘陵沟壑地形，从分水岭到河谷边带总体坡度5°~10°，河岸地带多为陡坡、陡崖地形。

地貌总体可划分为三种类型，即黄土梁涧区、黄土梁峁沟壑区和河谷阶地区，地貌类型直接影响着本区的工程地质条件，进而控制本区建设场址的适宜性（见图7.2）。

7.2.1.1 黄土梁涧区

黄土梁涧区位于北部周湾-长城一带，主要为宽缓组成的黄土梁地和流水等作用形成的梁间宽平涧地，是主要的农作物种植地。除沟岸崩塌灾害外，工程地质条件相对较好，在此进行工程建设，引发地质灾害较少。适合村庄、乡镇、基础设施等建设场址，为建设场地适宜区。

7.2.1.2 黄土梁峁沟壑区

梁面宽一般为30~150m，谷坡坡度在30°~50°之间变化，峁间鞍部较窄。沟谷底部出露基岩，上面为厚几十米的黄土。从梁峁顶部到河、沟、壑底部，各种流水侵蚀很活跃，黄土节理裂隙发育，谷坡、沟坡黄土崩塌、滑坡现象较普遍，以冲沟、切沟为主的支毛沟仍有扩大趋势。因此，在此进行工程建设，很容

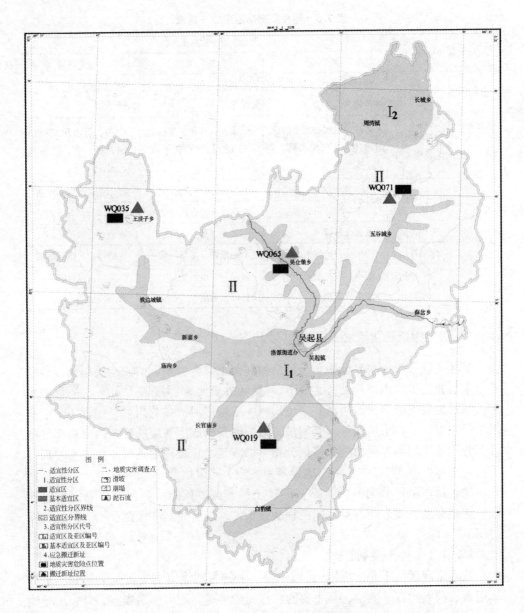

图 7.2　场址适宜性分区及建设搬迁场址分布图

易引发地质灾害，在有利点段采取相应的工程治理措施后可作为建设场址，为建设场地基本适宜区。

7.2.1.3　河谷阶地区

河谷区普遍发育两级阶地，地形坡度平缓，地势相对开阔，侵蚀作用较弱；岩性为全新统冲积粉质黏土、粉土及卵石层，下伏白垩系泥砂岩，地基承载力较高，不存在黄土湿陷、滑坡及崩塌等不良地质问题和现象，为建设场地适宜区。

7.2.2 重要灾害点应急搬迁避让新址建议

7.2.2.1 应急搬迁避让新址选择建议

应急搬迁避让新址选择建议包括以下几个方面：

（1）对有危害的地质灾害隐患点，若花钱少，经简单工程治理措施（如清理危岩体、填堵裂缝、修排水渠等防水措施）是可以防止的，要及时治理；治理经费大或难以治理的，应采取搬迁避让措施。需要搬迁的地质灾害隐患点，要按照轻重缓急的原则，在区、乡镇政府的组织下，有计划、有步骤地实施。地质灾害隐患点的变形破坏迹象明显时，应实施应急搬迁避让措施，组织险区的人员快速疏散和搬迁。

（2）尽量选择开阔的河谷地区作为应急搬迁避让新址。调查区黄土宽梁残塬和梁峁地貌区冲沟十分发育，下切侵蚀强烈，地形坡度大，水土流失严重，谷坡稳定性较差，极易发生滑坡、崩塌和泥石流等地质灾害，是区内地质灾害的集中发育地段；而开阔的河谷地区处于沟谷发育的中、老年期，地势较开阔，地形相对平缓，受河水侵蚀作用较弱，谷坡稳定程度较高，地质灾害发生频率明显低于黄土梁峁沟壑地区。

（3）避开顺坡节理和结构面发育地段。斜坡体内发育有顺坡向剪节理，透水性差异较大，为滑坡、崩塌等地质灾害的发生提供了条件。这些地段是崩滑等地质灾害的频发地段，建设新址的选择应避开这些地段。

（4）搬迁避让新址的选择应进行实地调查和建设场地危险性评估。在搬迁工程方案审批前，应请专业技术人员进行实地调查和新址地质灾害危险性评估，确认不会发生滑坡、崩塌等地质灾害后方能批准施工。如不能完全避开地质灾害隐患点，应在设计和施工中，对可能产生滑坡、崩塌的斜坡地段采取必要的防治工程措施，如削坡和修建排水渠等。对于场址地基，应根据建筑物对承载力和湿陷要求采取相应的处理措施，如夯实和换土等。

（5）滑坡发生的地形坡度集中于 30°～70°之间，其运动方式和速度因个体而异，滑坡滑距一般在数十米之内，为滑坡的威胁范围区。在选择搬迁新址时，应尽量避开滑坡易发的坡度地段，尤其是避开滑坡所威胁的范围。

（6）崩塌体发生的地形坡度基本在 60°以上，其危及范围与坡度和高差成正比。可按下述经验法推算：若崩塌体前缘地形坡度小于 15°，崩塌体散铺的最远距离约为破裂壁顶点至坡脚高差的 1.5～3.0 倍；15°～24°时，最远距约为 3～6 倍；大于 30°时，崩塌体在斜坡上作加速运动，直至减少到 25°时，才作减速运动。凡居住区后山坡在 25°以上，山体上方又有崩塌隐患存在，就应划为崩塌危险区。在选择应急搬迁避让新址的时候，应避开崩塌危险区。

7.2.2.2　搬迁点危险程度及新址建议

A　王洼子滑坡（WQ035）

王洼子滑坡位于王洼子乡王洼子村王洼子组，黄土梁峁地貌，坐标为107°49′30″E、37°07′10″N；发育在头道川右岸黄土梁的东端斜坡上，是一处沿黄土节理面滑动的黄土层内滑坡，威胁王洼子乡政府所在地约200人及乡政府办公用房。

滑坡体长200m、宽300m、厚约40m，体积方量约146.0×10⁴m³，主滑方向105°，平均坡度40°，滑坡前缘开垦为耕地。滑坡在平面上呈近似半圆形，周界明显，后缘由于滑体下错形成陡壁，高6m。坡体土质疏松、破碎，植被较差。滑坡物质结构为滑坡堆积土和滑床，是$Q_{p_2}^{eol}$、$Q_{p_3}^{eol}$黄土。节理裂隙发育，其中顺坡向节理对滑坡起控制作用。

经调查，该处斜坡目前处于蠕滑变形阶段，稳定性差。坡体下部形成较大的临空面，坡脚处应力集中，在卸荷作用下，坡体沿临空面方向产生变形位移。黄土中顺坡向节理发育，构成潜在滑动面。若遇连阴雨或大暴雨，雨水沿节理面入渗、贯通，形成软弱带。坡体在自重作用下沿其产生滑动并再次形成滑坡。鉴于该滑坡的危险程度及工程治理费用相对高于搬迁费用，建议该村整体搬迁（见表7.4和图7.2）。应急搬迁新址位于滑坡体的东北方向，距离约1km，位于头道川的左岸宽缓的黄土涧地，地势开阔，适宜建筑，周边未发现地质灾害现象（见图7.3）。

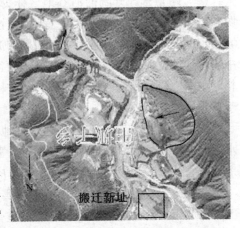

图7.3　王洼子滑坡搬迁新址示意图

表7.4　搬迁新址一览表

搬迁点名称	新址位置	新址地形地貌	新址岩性	不良地质现象	建议
王洼子滑坡（WQ035）	滑坡体的东北方向，距离约1km，头道川的左岸宽缓的黄土涧地	头道川河谷区左岸，为凸岸，地势开阔，地形平坦	全新统冲洪积粉质黏土、砂土及卵砾石，下覆白垩下统华池组砂、泥岩	无	对新址作建设场地地质灾害危险性评价及详细勘察工作；根据建筑物承载力要求进行必要的地基处理及削坡、排水措施

搬迁点名称	新址位置	新址地形地貌	新址岩性	不良地质现象	建议
吴仓堡中学滑坡（WQ065）	中学的对面，乱石头川的左岸的河流阶地	乱石头川河谷阶地区左岸，为凸岸，地势开阔，地形平坦，南北延展有较大空间	全新统冲洪积粉质黏土、砂土及卵砾石，下覆白垩下统华池组砂、泥岩	无	对新址作建设场地地质灾害危险性评价及详细勘察工作；根据建筑物承载力要求进行必要的地基处理及排水措施
邢河滑坡（WQ071）	邢沟对面河流阶地	河谷阶地区，左岸，凸岸，地势狭长，地形较平坦	河流冲积粉质黏土、砂土及卵砾石	无	对新址作建设场地地质灾害危险性评价及详细勘察工作；根据建筑物承载力要求进行必要的地基处理和排水措施
新庄科滑坡（WQ019）	北侧河流阶地	河谷阶地区，左岸，凸岸，地势较开阔，地形较平坦	河流冲积粉质黏土、砂土及卵砾石	无	对新址作建设场地地质灾害危险性评价及详细勘察工作；根据建筑物承载力要求进行必要的地基处理及削坡和排水措施

B 吴仓堡中学滑坡（WQ065）

吴仓堡中学滑坡位于吴仓堡乡吴仓堡中学南侧黄土峁的东坡，坐标为108°08′30″E、37°03′28″N，属黄土-红黏土接触面滑坡。目前滑坡前缘为吴仓堡中学，有约500师生，威胁学校及师生的安全。

滑坡体长约80m，宽约150m，厚20~25m，体积方量约62.5×10⁴m³，主滑方向46°，平均坡度42°。滑坡物质结构为：Q_4^{del} 滑坡堆积层、$Q_{P_{2+3}}$ 黄土和 N_2 红黏土。滑坡堆积土主要由 Q_{P_3} 和 Q_{P_2} 黄土滑动后的混杂堆积物组成，结构破碎、疏松。滑动面切穿 Q_{P_3} 和 Q_{P_2} 黄土，前部沿 N_2 红黏土顶面剪出。组成滑床的红黏土和黄土，在浸水条件下迅速软化，强度大幅度降低。

据访问，约20年前坡顶和坡面出现多条裂缝，后在坡面修建3条截排水沟并填埋裂缝，近年来未见新的裂缝。调查发现局部边坡垮塌，显示坡体内发育倾向坡外的斜节理较发育（见图7.4），滑坡目前处于蠕动变形阶段，并有局部或整体复活的可能，对吴仓堡中学构成直接威胁，建议该校整体搬迁（见表7.4和图7.2）。应急搬迁新址位于现今中学的对面，乱石头川的左岸的河流阶地，地势开阔，地形平坦，南北延展有较大空间，适宜学校建设，周边未发现地质灾害现象（见图7.5）。

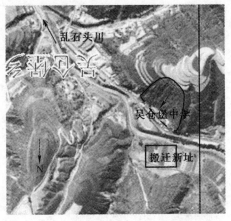

图 7.4　吴仓堡中学滑坡内发育的斜节理　　　图 7.5　吴仓堡中学滑坡搬迁新址示意图

C　邢河滑坡（WQ071）

　　邢河滑坡位于五谷城乡桐寨村邢河组，坐标为 108°22′04″E、37°09′44″N，发育于黄土梁近北端西侧的斜坡上，属中型黄土滑坡（见图 7.6）。该滑坡危害程度中等，发展趋势不稳定，具危险性，目前威胁 19 户、90 人、80 窑（房），直接潜在经济损失约 80 万元。

　　滑坡长 100m、宽 150m、厚 12m，估算体积 $18.0 \times 10^4 m^3$。斜坡高 70m、坡度 43°。切坡挖窑，切坡高 15m，近直立。2000 年 7 月，切坡顶部出现弧形裂缝，长 100m、宽 5cm；夯填后，2002 年 7 月，再度开裂，宽 15cm，并下错 20cm。滑体前缘受冲沟冲蚀使得坡度变

图 7.6　邢河滑坡全貌

陡，重心外倾；坡面不断有土体崩落、滚落，如果再随意开挖坡体或遇连阴雨，可能整体滑动。

　　该滑坡物质组成主要为粉土，含砂量较高，坡体结构松散，植被一般，曾多次在不同的部位产生裂缝，坡体受河水侧蚀砂土孔隙发育，为雨水入渗提供了通道条件。在降雨、人为开挖坡脚和振动等影响因素下易失稳，稳定性差，威胁村民的生命财产安全。鉴于所处地质环境条件，建议村民搬迁（见表 7.4 和图 7.2）。应急搬迁新址位于沟对面河流阶地，地形成狭长形展布，基本适宜建筑，周边未发现地质灾害现象（见图 7.7）。

D 新庄科滑坡 (WQ019)

新庄科滑坡位于白豹镇新庄科村新庄科组，坐标为108°07′35″E、36°46′50″N，发育于黄土梁近北端东侧的斜坡上，属小型黄土滑坡。该滑坡危害程度中等，发展趋势不稳定，具次危险性，目前威胁8户、33人、28窑，直接潜在经济损失约28.0万元。

滑坡体长50m、宽100m、厚约15m，体积约$5.3 \times 10^4 m^3$，主滑方向130°，平均坡度40°，1985年坡体后缘出现张裂缝。滑体前缘受冲沟冲蚀使得坡度变陡，重心外倾；坡面不断有土体崩落、滚落，如果再随意开挖坡体或遇连阴雨，可能整体滑动。

该滑坡物质组成主要为粉土，含砂量较高，坡体结构松散，植被稀少，坡体受河水侧蚀砂土孔隙发育，为雨水入渗提供了通道条件。在降雨、人为开挖坡脚和振动等影响因素下易失稳，稳定性差，威胁村民的生命财产安全。鉴于所处地质环境条件，建议村民搬迁（见表7.4和图7.2）。应急搬迁新址位于北侧河流阶地，地势较开阔，调查中未发现地质灾害威胁，基本适宜居住（见图7.8）。

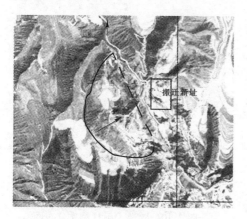

图7.7 邢河滑坡搬迁新址示意图

图7.8 新庄科滑坡搬迁新址示意图

7.3 地质灾害气象预警区划

如前所述，在地质灾害的控制与影响因素中，降雨和人类工程活动是最为活跃的触发因素。在人类不合理工程活动地段，黄土的卸荷与风化裂隙、落水洞、陷穴等尤为发育，降水容易沿着这些通道快速渗入地下，引发地质灾害，降雨成为触发地质灾害最积极的因素。所以，通过气象预报，可有效地开展滑坡、崩塌、泥石流等地质灾害预警，实现防灾减灾的目标。

7.3.1　临界降雨量确定

7.3.1.1　陕北黄土高原地区降雨量特征

据《陕西省延安市宝塔区地质灾害详细调查报告》资料，与陕西省气象局合作，对 1980 ~ 2005 年 25 年间，陕北黄土高原地区的 27 个气象站的日、时降水量进行了分析，统计了各站日降水量中，1 小时雨量不小于 10mm 或 20mm（即 $R_{1h} \geqslant 10mm$ 和 $R_{1h} \geqslant 20mm$）的局地暴雨过程，对其降水特征和降水量时空分布规律进行归类分析、研究总结（见图 7.9 和图 7.10）。结果表明：

（1）在 25 年中，陕北黄土高原共出现 $R_{1h} \geqslant 10mm$ 的强降水 2638 时次，$R_{1h} \geqslant 20mm$ 强降水 574 时次，年平均 $R_{1h} \geqslant 10mm$ 的强降水 106 时次，$R_{1h} \geqslant 20mm$ 强降水 23 时次。

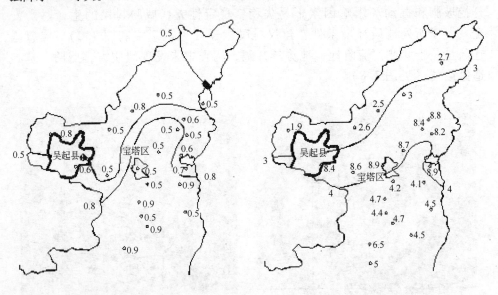

图 7.9　陕北暴雨年频次分布图　　　图 7.10　陕北大雨日频次分布图

（2）$R_{1h} \geqslant 10mm$ 发生时次最多的年份是 1994 年，为 173 时次；最少的是 1980 年，仅有 36 时次。$R_{1h} \geqslant 20mm$ 强降水发生次数最多的年份是 1994 年，为 56 时次；最少的是 1982 年，仅有 3 时次。可见陕北强降水出现时次的年际差异较大，最多年份与最少年份相差十几倍之多。

（3）$R_{1h} \geqslant 10mm$ 强降水旬分布具有多峰值的特点。7 月中旬、下旬和 8 月上旬为第一高峰值，数值比较接近也是全年的最大峰值；8 月下旬为全年的次峰值，6 月上旬为全年的第三峰值。$R_{1h} \geqslant 20mm$ 单峰特征较明显，8 月上旬之前，强降水频次缓升后，强降水的频次明显减少，8 月上旬为其高峰值。

（4）淋雨主要出现在 9 月，10 月份也有淋雨和大雨发生。

7.3.1.2 吴起县地质灾害气象预警临界降雨量的确定

A 地质灾害与降雨量的关系

据本次调查资料，吴起县内发生的滑坡和崩塌，其发生频次与月降水量呈正相关，且均发生在降雨量较大的月份（见表7.5）。滑坡、崩塌发生时间落在7～10月份，在7月、10月份最高，8月、9月次之。地质灾害的发生频次主要与本区的降水特征有关，7月、9月份集中了全年40%～50%的强降水，这种强降水特征对诱发地质灾害作用很大；8月、10月份常出现淋雨，并伴有大雨，这种降水特征最利于浸润黄土和入渗补给地下水，也触发地质灾害发生。由此可见，无论是强降雨，还是淋雨，都是触发地质灾害的因素。

表7.5 吴起县典型地质灾害一览表

名　称	位　置	发生时间	危及对象
石油子校沟崩塌	洛源街道办石油子校沟	2002年7月25日	毁窑3孔死亡17人
大台滑坡	庙沟乡大岔村大台沟组	2007年10月26日	毁田地近15亩，威胁4户21人14窑
贺沟崩塌	薛岔乡贺沟村	2007年10月28日	死亡5人，毁坏房屋4间
薛岔滑坡（3）	薛岔乡薛岔村	2008年8月28日	掩埋省道公路200m
沙集滑坡（1）	薛岔乡沙集村东省道303公路北侧	2008年3月24日	掩埋省道公路300m
石台子崩塌	新寨乡石台子村道路边	2008年11月30日	死亡6人伤1人
杏树沟门滑坡（2）	洛源街道办宗圪堵村杏树沟门组	2009年3月20日	毁窑6孔

B 地质灾害发生时的降雨特征

据吴起县金佛坪气象站降雨量资料，2007年10月连续降雨十多天后，在薛岔乡贺沟村发生贺沟崩塌；庙沟乡大岔村大台沟组发生大台滑坡，均是典型受降雨作用诱发的滑坡和崩塌。

C 气象预警临界降雨量的确定

由吴起县地质灾害发生与降水特征的关系，确定其地质灾害气象预警的临界降雨量特征值分别是：

（1）6h降雨量不小于25mm（$R_{6h} \geq 25mm$，即大雨）。

（2）日降雨量不小于50mm（$R_{24h} \geq 50mm$，即暴雨）。

（3）1h降雨量不小于20mm或3h降雨量不小于25mm，并且日降雨量不小于30mm（$R_{1h} \geq 20mm$ 或 $R_{3h} \geq 25mm$ 且 $R_{24h} \geq 30mm$）。

（4）连续三日以上降雨，且日降雨量不小于10mm。

符合以上条件之一就应该进行地质灾害预警，作为地质灾害气象诱发日向外发布。

7.3.2　地质灾害气象预警级别

参考陕西省地质灾害气象预报预警分级和《陕西省延安市宝塔区地质灾害详细调查报告》划分，结合调查区实际情况，将预警级别划分为三级：分别是Ⅰ级预警、Ⅱ级预警和Ⅲ级预警。Ⅰ级预警是高级预警，地质灾害发生概率最大，为地质灾害发布警报级；Ⅱ级预警是中级预警，地质灾害发生概率中等，为地质灾害发布预报级；Ⅲ级预警是低级预警，地质灾害发生概率最小，为地质灾害不发布预报级。

7.3.3　地质灾害气象预警

吴起县境内降雨量出现两个趋势，一种情况是短时间内集中降雨，适用于前三条标准；另一种情况是连续降雨，小雨中雨连绵几天，适用第四条标准。因此吴起县的气象预警按照这两种情况来规划。

7.3.3.1　短时间强降雨条件下的预警区划

短时间强降雨是对 6h 降雨量不小于 25mm、日降雨量不小于 50mm、1h 降雨量不小于 20mm 或 3h 降雨量不小于 25mm 并且日降雨量不小于 30mm 的预警区划（见图 7.11），具体如下：

（1）Ⅰ级预警区的范围最小，集中于洛河街道办小部分流域和调查区的东部薛岔和五谷城小部分地区（图 7.11 中深灰色），总面积 534.9km²，占调查区总面积的 14.11%。这些地区位居洛河干流，河谷深切；沟谷强烈下切地带，人类工程活动极为强烈，为调查区的地质灾害发育区。

（2）Ⅱ级预警区的范围较大，主要分布在调查区中部和西部区域（图 7.11 中白色），面积 1574.9km²，占调查区总面积的 41.54%。这一区域大多为洛河支流及次级支沟黄土梁、峁地区，主要沟谷多处于上游和中游，人类工程活动较强烈，地质灾害发育强度稍低。

（3）Ⅲ级预警区的范围达到最大，散布于调查区（图 7.11 中浅灰色），面积 1681.7km²，占调查区总面积的 44.36%。该区主要为中西部的黄土梁峁、残塬区和东部的临谷丘陵区，而中西部地区比较平坦，植被茂盛，人类工程活动不强烈，地质灾害不发育；东部地区为基岩组成的梁地，第四系地层较薄，地质灾害不发育。

7.3.3.2　连续降雨条件下的预警区划

连续三日以上降雨且日降雨量不小于 10mm 的预警区划（见图 7.12）。连阴雨的强度虽比不上大雨和暴雨，但它的特点是持续时间长。调查结果显示，吴起

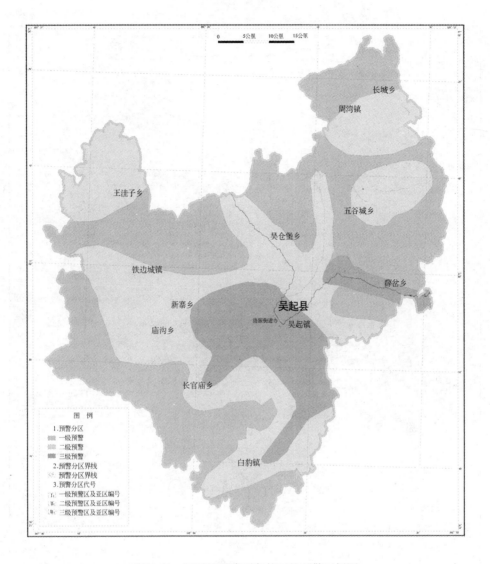

图 7.11 短时间强降雨条件下的预警区划图

县发生在连阴雨季节的地质灾害数量最多，分布范围最广，且各种类型的坡型均有发生地质灾害的可能，而大雨和暴雨引发的地质灾害一般发生在陡坡或稳定性差的坡体上。故把连阴雨作为一个划分级别来做气象预警，且Ⅰ级预警区的范围最大。具体划分如下：

（1）Ⅰ级预警区的范围扩展至最大，占据中东部大片地区和南部（图 7.12 中深灰色）。总面积 929.8km²，占调查区总面积的 24.5%。为调查区地质灾害发育区和部分次发育区。

（2）Ⅱ级预警区的范围缩减至最小，分布在头道川、二道川、三道川、宁

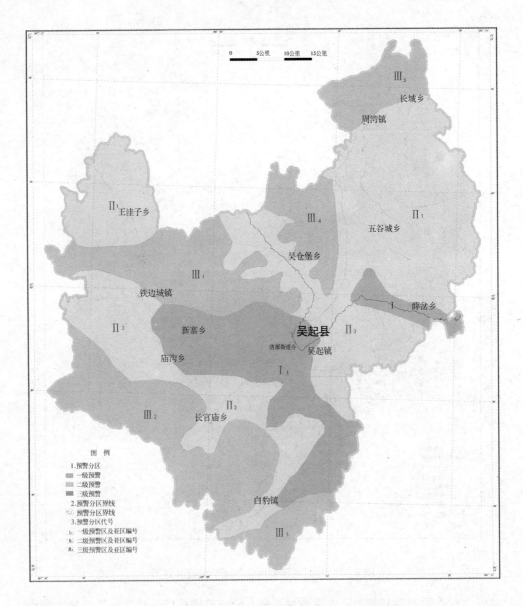

图7.12　连续降雨条件下的预警区划图

赛川流域的河谷影响区的部分地方（图7.12中白色），面积894.4km²，占调查区总面积的23.6%。这一区域大多为河流支流及次级支沟黄土梁、峁地区，主要沟谷多处于上游和中游，人类工程活动较强，地质灾害发育强度稍低。

　　（3）Ⅲ级预警区的范围缩减至最小（图7.12中浅灰色），面积1967.3km²，占调查区总面积的51.9%。西部地区地势相对平缓，植被茂盛，人类居住较少；中部地势平坦，植被茂盛，人类工程活动不强烈，地质灾害不发育；东部地区为基岩组成的梁地，第四系地层又薄，所以地质灾害不发育。

7.4 地质灾害防灾预案及防治规划

7.4.1 地质灾害防灾预案建议

为了有效地减轻地质灾害损失，给地方政府编制防灾预案提供依据，特编制重要地质灾害防灾预案建议。编制的主要指导思想是在以人为本的思想指导下，针对可能造成群死群伤的重要灾害隐患点做出中长期预报，对其可能造成的危害进行预测。逐点落实包括监测、报警、疏散、应急抢险等内容的预防措施，防灾责任要落实到具体的乡镇、单位、受威胁住户。针对一般灾害隐患点仅提供点号作为群测群防的依据。

本次调查的197处调查点中，有74处威胁到人民生命财产安全。其中滑坡51处、不稳定斜坡5处、崩塌17处、泥流1处。根据野外调查和稳定性分析结果，对16处重大地质灾害隐患点，编制了县级防灾预案（见表7.6），并编制吴起县地质灾害群测群防体系。对74处地质灾害隐患点编制地质灾害防范巡查计划，巡查路线按照先重点后一般、全面检查、交通方便的原则，依据自然地理行政区划将该区分为：

（1）中部：洛源街道办—吴起镇—杨青川—薛岔。

（2）北部：宁赛川—五谷城—长城—周湾镇—颗颗川—吴仓堡—乱石头川巡查路线。

（3）西部：头道川—新寨—铁边城—王洼子巡查路线。

（4）南部：二道川—庙沟—三道川—长官庙—白豹—白豹川—洛河巡查路线（见表7.7）。

7.4.2 地质灾害防治规划建议

为了有效地减轻地质灾害损失，给地方政府编制防治规划提供依据，特编制重要地质灾害防治规划建议。编制的主要指导思想是在科学发展观和构建和谐社会的思想统领下，以保障新农村建设和以人为本思想为主要目标，划定地质灾害防治分区，确定防治方案。防治方案的实施安排和实施防治方案的保证措施等内容不予详述。

7.4.2.1 地质灾害防治分区

根据吴起县地质灾害发育特征、分布规律和地质灾害易发程度、危险程度分区评价结果，结合《吴起县总体规划概况》、《吴起县国民经济和社会发展的第十一个五年计划》的要求，本着以人为本原则，对全区的地质灾害防治工作进行总体规划（见表7.8），并编制吴起县地质灾害防治规划图（见图7.13）、防治规划表（见表7.9～表7.11）。

表 7.6　重要地质灾害点防灾预案一览表

序号	灾点号	灾点名称	规模	威胁对象	危害程度	危险性	撤离地点	预警信号	监测人（略）	责任人（略）
1	WQ001	大台滑坡	大型	4户21人14窑	中	危险	北侧斜坡	敲锣		
2	WQ002	合庄不稳定斜坡	中型	28户131人54窑	重	危险	斜坡两侧200m以远	敲锣		
3	WQ010	韩岔滑坡（1）	小型	农田3亩、油井3口	中	次危险	斜坡两侧200m以远	敲锣		
4	WQ011	韩岔滑坡（2）	小型	石油1905基地及8间厂房	重	危险	斜坡两侧200m以远	敲锣		
5	WQ014	许咀滑坡	中型	2口油井及1个砖场	中	次危险	沟口	敲锣		
6	WQ019	新庄科滑坡	小型	8户33人28窑	中	次危险	斜坡两侧200m以远	敲锣		
7	WQ038	崖窑台滑坡	中型	4户20人22窑	中	次危险	村前吴华公路	敲锣		
8	WQ041	后山滑坡	中型	吴起镇镇政府和新建房屋	中	危险	镇政府楼前200m以远	敲锣		
9	WQ043	石百万滑坡	中型	吴起县百万吨原油基地	重	危险	村前吴华公路	敲锣		
10	WQ044	炸药库滑坡	小型	吴起县炸药库及建筑物的安全	中	危险	南边公路以南	敲锣		
11	WQ049	政府沟泥石流	中等	旧居巷内39户177人224房（窑）及商店等	重	危险	沟谷两侧200m以远	敲锣		
12	WQ055	燕麦地沟门崩塌	中型	7户30人5窑14孔、平房16个	中	次危险	沟谷两侧200m以远	敲锣		
13	WQ065	吴仓堡中学滑坡（1）	中型	中学师生约500人校舍8间	重	次危险	斜坡两侧200m以远	广播		
14	WQ071	那河滑坡	中型	19户90人80窑（房）	中	危险	沟口	敲锣		
15	WQ072	大路沟滑坡（1）	大型	303省道约550m，1户5人6窑，土地约30亩	重	危险	坡体两侧200m以远	敲锣		
16	WQ074	袁和庄不稳定斜坡	小型	吴起第二采油厂袁和庄注水站的安全	轻	危险	斜坡两侧200m以远	敲锣		

表7.7　地质灾害防范巡查与群测群防灾点一览表

巡查路线	种类	地质灾害数量/处	地质灾害点编号	重要灾害点
洛源街道办—吴起镇—杨青川—薛岔	滑坡 崩塌 不稳定斜坡 泥流	16 7 1 1	WQ037, WQ038, WQ039, WQ040, WQ041, WQ042, WQ043, WQ044, WQ045, WQ046, WQ047, WQ048, WQ049, WQ050, WQ051, WQ052, WQ053, WQ054, WQ055, WQ056, WQ057, WQ058, WQ059, WQ072, WQ073	WQ038, WQ041, WQ043, WQ044, WQ049, WQ055, WQ072
宁赛川—五合城—长城—周湾镇—颗颗川—吴仓堡—乱石头川	滑坡 崩塌 不稳定斜坡	6 5 1	WQ060, WQ061, WQ062, WQ063, WQ064, WQ065, WQ066, WQ067, WQ068, WQ069, WQ070, WQ071	WQ065, WQ071
头道川—新寨—铁边城—王洼子	滑坡 崩塌 不稳定斜坡	6 2 1	WQ013, WQ014, WQ015, WQ016, WQ032, WQ033, WQ034, WQ035, WQ036	WQ014
二道川—庙沟—三道川—长官庙—白豹—白豹川—洛河	滑坡 崩塌 不稳定斜坡	23 3 2	WQ001, WQ002, WQ003, WQ004, WQ005, WQ006, WQ007, WQ008, WQ009, WQ010, WQ011, WQ012, WQ017, WQ018, WQ019, WQ020, WQ021, WQ022, WQ023, WQ024, WQ025, WQ026, WQ027, WQ028, WQ029, WQ030, WQ031, WQ074	WQ001, WQ002, WQ010, WQ011, WQ074

表7.8　地质灾害防治分区说明

分区	面积/km²	比例/%	亚区名称	代号	亚区面积/km²	比例/%	滑坡	崩塌	泥流	不稳定斜坡	合计	近期	中期	远期	I	II	III	灾害点密度/处·km⁻²	威胁对象	涉及乡镇及隐患点/处
重点防治区 A	742.6	19.59	洛源重点防治区	A₁	531.6	71.59	27	8	1	1	37	6	12	19	9	9	19	0.0696	威胁130户598人661窑（房），公路480m，加油站1座，石油基地1处	庙沟4，白豹11，吴起镇14，洛源8
			薛岔重点防治区	A₂	101.6	13.68	2	1	0	0	3	3	0	0	3	0	0	0.0295	1户5人6窑，土地约30亩，公路640m	吴起镇1，薛岔2
			五谷城重点防治区	A₃	109.4	14.73	1	0	0	0	1	1	0	0	0	1	0	0.0091	威胁19户90人80窑（房）	五谷城1
次重点防治区 B	1090.1	28.75	王洼子-长官庙中危险区	B₁	687.6	63.07	6	2	0	1	9	3	5	3	1	6	2	0.0131	威胁9户237人39窑（房），王洼子乡政府，公路340m，油井5处	铁边城2，白豹子4，新寨1
			吴仓堡中危险区	B₂	557.0	40.37	1	3	0	1	5	3	0	2	3	0	2	0.0187	威胁3户13人13窑（房），吴仓堡中学师生约500人及校舍，公路190m	吴仓堡5，薛岔0
			周湾-长城中危险区	B₃	135.2	9.80	3	2	0	0	5	0	3	2	0	3	2	0.0370	威胁20户100人101窑（房）	长城5，周湾0

续表7.8

分区	面积/km²	比例/%	亚区名称	代号	亚区面积/km²	比例/%	灾点/处					防治分期情况/处			防治分级			灾害点密度/处·km⁻²	威胁对象	涉及乡镇及隐患点/处
							滑坡	崩塌	泥流	不稳定斜坡	合计	近期	中期	远期	I	II	III			
一般防治区 C	1958.9	51.66	庙沟-长官庙低危险区	C₁	766.5	45.92	9	1	0	1	11	2	4	5	4	2	5	0.0144	威胁50户(房)234人146窑,砖厂1个,石油基地1处,油井3处	庙沟3,长官庙5,铁边城2,白豹1,王洼子0
			吴仓堡低危险区	C₂	322.5	19.32	1	0	0	0	1	0	0	0	0	0	1	0.0031	威胁1户3人3窑,公路500m	吴仓堡1,新寨0
			白豹低危险区	C₃	104.1	6.24	1	0	0	1	2	1	0	0	1	1	0	0.0192	威胁3户15人16窑,注水站1个	白豹2
			五谷城低危险区	C₄	324.2	19.42	0	0	0	0	0	0	0	0	0	0	0	0.0000	无	五谷城,薛岔,吴仓堡,周湾
			周湾-长城低危险区	C₅	151.9	9.10	0	0	0	0	0	0	0	0	0	0	0	0.0000	无	周湾,长城
合计	3791.5					100	51	17	1	5	74	16	25	33	21	22	31	0.0195	威胁235户1865人971窑(房),公路1280m,工厂(单位)等14处	

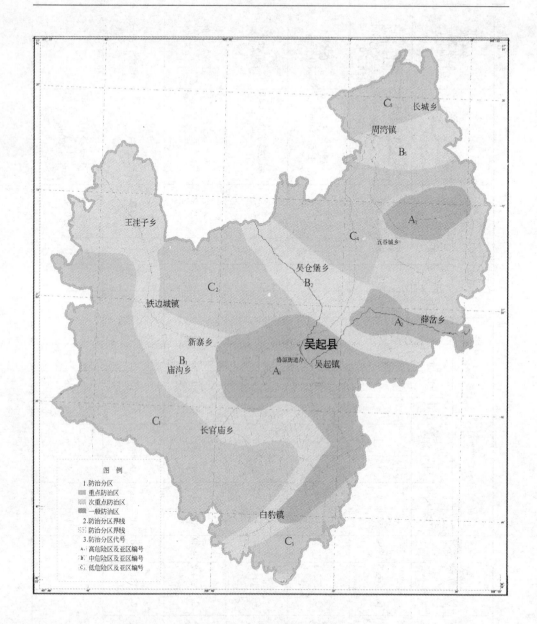

图 7.13　吴起县地质灾害防治规划图

7.4.2.2　地质灾害防治方案

A　地质灾害监测预警体系建设

依据《地质灾害防治条例》，结合各地质灾害点的稳定性和危险程度，74 处地质灾害点建立群测群防群众留观点，由村民进行留心查看。依据地质灾害的危险程度大小，划分其监测级别，依据级别，落实监测责任人。

表 7.9　近期（2011 年底前）防治规划明细一览表

序号	灾点编号	灾点名称	稳定性	危害程度	危险性	防治等级	威胁对象
1	WQ001	大台滑坡	不稳定	中	危险	I	4 户 21 人 14 窑
2	WQ011	韩岔滑坡（2）	较稳定	重	危险	I	石油 1905 基地及 8 间厂房
3	WQ022	任渠子滑坡	较稳定	轻	次危险	I	1 户 8 人 6 窑、吴华公路 100m
4	WQ035	王洼子滑坡	较稳定	重	危险	I	王洼子乡政府所在地 200 人
5	WQ044	炸药库滑坡	不稳定	中	危险	I	吴起县炸药库及建筑物的安全
6	WQ049	政府沟泥石流	中等发育	重	危险	I	旧居巷内 39 户 177 人 224 房（窑）及商店等
7	WQ050	政府沟滑坡	较稳定	轻	次危险	I	2 户 5 人 5 房
8	WQ052	杏树沟门滑坡（1）	较稳定	中	次危险	I	3 户 15 人 20 窑，租赁户 15 人
9	WQ055	燕麦地沟门崩塌	较稳定	中	次危险	I	7 户 30 人 14 孔、平房 16 个
10	WQ057	政府沟崩塌（2）	较稳定	中	次危险	I	5 户 22 人 24 窑
11	WQ060	刘庄崩塌	较稳定	中	次危险	I	省道 303 公路约 70m
12	WQ063	后台崩塌	较稳定	轻	次危险	I	省道 303 公路 120m
13	WQ065	吴仓堡中学滑坡（1）	较稳定	重	次危险	I	中学师生约 500 人校舍 8 间
14	WQ072	大路沟滑坡（1）	不稳定	重	危险	I	省道 303 约 550m，1 户 5 人 6 窑，土地约 30 亩
15	WQ073	大路沟崩塌	较稳定	中	次危险	I	省道 303 公路约 90m
16	WQ074	袁和庄不稳定斜坡	不稳定	轻	危险	I	吴起第二采油厂袁和庄注水站的安全
合计							威胁 62 户 983 人 310 窑（房）、学校 1 所、工厂 2 处

表 7.10　中期（2013 年底前）防治规划明细一览表

序号	灾点编号	灾点名称	稳定性	危害程度	危险性	防治分期	威胁对象
1	WQ002	会庄不稳定斜坡	稳定性较差	重	危险	I	28户131人54窑
2	WQ007	砂石河湾滑坡	不稳定	中	次危险	II	4户20人22窑
3	WQ008	梨树掌滑坡	不稳定	中	次危险	II	坡上住户3户15人13窑
4	WQ010	韩岔滑坡（1）	较稳定	中	次危险	II	农田3亩、油井3口
5	WQ014	许咀滑坡	较稳定	中	次危险	II	2口油井及1个砖场
6	WQ015	张湾子滑坡	较稳定	轻	次危险	II	吴定公路160m
7	WQ017	史咀崩塌	较稳定	中	次危险	II	2户14人11窑
8	WQ019	新庄科滑坡	较稳定	中	次危险	I	8户33人28窑
9	WQ024	胡圪崂滑坡（2）	较稳定	中	次危险	I	8户45人42窑
10	WQ025	李渠子滑坡	较稳定	中	次危险	II	7户30人39窑
11	WQ026	姜湾滑坡	较稳定	中	次危险	II	3户16人14窑
12	WQ027	马营滑坡	较稳定	轻	次危险	II	加油站、2户8人11窑
13	WQ028	朱卯子滑坡（1）	较稳定	中	次危险	II	吴华公路180m
14	WQ030	洞子沟滑坡	较稳定	轻	次危险	II	3口油井
15	WQ032	李乐沟崩塌	不稳定	轻	危险	II	1户4人3窑
16	WQ036	木台滑坡	较稳定	中	次危险	II	4户13人18窑
17	WQ041	后山滑坡	不稳定	中	危险	I	吴起镇政府利新建房屋
18	WQ043	石百万滑坡	较稳定	重	危险	II	吴起县百万吨原油基地
19	WQ051	鸵鸟台滑坡（1）	较稳定	中	次危险	II	6户21人23窑
20	WQ053	杏树沟门不稳定斜坡	较稳定	轻	次危险	II	2户10人12窑
21	WQ056	石油子校滑坡	较稳定	中	次危险	III	2户11人10窑
22	WQ066	会地台滑坡	较稳定	中	次危险	II	5户20人18窑
23	WQ067	西门滩滑坡	较稳定	中	次危险	II	3户12人15窑
24	WQ068	后黄涧滑坡	较稳定	中	次危险	II	3户12人15窑
25	WQ071	邢河滑坡	较稳定	中	危险	II	19户90人80窑（房）、公路340m
合计							威胁116户547人458窑（房）、吴起镇政府、农田3亩（房）、油井8口、1个砖厂、1个厂、原油基地1个、公路340m

表 7.11　远期（2015 年底前）防治规划明细一览表

序号	灾点编号	灾点名称	稳定性	危害程度	危险性	防治分期	威　胁　对　象
1	WQ003	高台畔崩塌	较稳定	轻	次危险	Ⅲ	砖场设备及工人
2	WQ004	柳沟滑坡	较稳定	中	次危险	Ⅱ	2 户 13 人 9 窑
3	WQ005	二虎圪崂滑坡（3）	较稳定	轻	次危险	Ⅲ	2 户 9 人 6 窑
4	WQ006	中山滑坡	较稳定	轻	次危险	Ⅲ	1 户 6 人 5 窑
5	WQ009	漱沟滑坡	较稳定	中	次危险	Ⅲ	砖厂及职工
6	WQ012	阳咀崩塌	较稳定	轻	次危险	Ⅲ	2 户 6 人 5 窑
7	WQ013	曹渠滑坡	较稳定	轻	次危险	Ⅲ	2 户 7 人 8 窑
8	WQ016	林沟岔滑坡	较稳定	中	次危险	Ⅲ	2 户 15 人 11 窑
9	WQ018	李疙滑坡	较稳定	中	次危险	Ⅱ	3 户 15 人 16 窑
10	WQ020	李洼滑坡	较稳定	轻	次危险	Ⅲ	1 户 6 人 5 窑
11	WQ021	李渠子滑坡	较稳定	轻	次危险	Ⅲ	2 户 6 人 9 窑
12	WQ023	胡圪崂滑坡（1）	较稳定	中	次危险	Ⅲ	2 户 12 人 11 窑
13	WQ029	朱峁子滑坡（2）	较稳定	轻	次危险	Ⅲ	1 户 5 人 4 窑
14	WQ031	田咀子滑坡	较稳定	中	次危险	Ⅲ	3 户 16 人 14 窑
15	WQ033	张渠崩塌	较稳定	轻	次危险	Ⅲ	1 户 4 人 4 窑
16	WQ034	陈岔不稳定斜坡	稳定性较差	轻	次危险	Ⅱ	吴定公路 180m
17	WQ037	伸角崩塌	较稳定	轻	次危险	Ⅲ	1 户 2 人 6 窑

续表 7.11

序号	灾点编号	灾点名称	稳定性	危害程度	危险性	防治分期	威　胁　对　象
18	WQ038	崖台台滑坡	较稳定	中	次危险	Ⅲ	4 户 20 人 22 窑
19	WQ039	刘疤滑坡	较稳定	轻	次危险	Ⅲ	1 户 4 人 4 窑
20	WQ040	张沟崩塌（1）	较稳定	轻	次危险	Ⅲ	1 户 7 人 3 窑
21	WQ042	高洼崩塌	较稳定	轻	一次危险	Ⅲ	1 户 6 人 5 窑
22	WQ045	张沟滑坡	较稳定	中	次危险	Ⅲ	3 户 11 人 14 窑
23	WQ046	杨腈滑坡	较稳定	轻	次危险	Ⅲ	3 户 8 人 11 窑
24	WQ047	前刘渠滑坡	较稳定	轻	次危险	Ⅲ	3 户 17 人 14 窑
25	WQ048	饲养场沟滑坡	较稳定	轻	次危险	Ⅲ	2 户 8 人 5 窑
26	WQ054	合沟口滑坡	较稳定	轻	次危险	Ⅲ	2 户 9 人 11 窑，一养鸡场
27	WQ058	东园子滑坡（2）	较稳定	中	次危险	Ⅲ	6 户 23 人 29 窑
28	WQ059	东园子滑坡（3）	较稳定	中	次危险	Ⅲ	省道 303 公路 200 米
29	WQ061	庙沟岔滑坡（1）	较稳定	轻	次危险	Ⅲ	1 户 3 人 3 窑 2 电杆，电线 300m，乡村公路 500m
30	WQ062	脊台不稳定斜坡	不稳定	轻	次危险	Ⅲ	2 户 10 人 9 窑
31	WQ064	朱寨子崩塌	不稳定	轻	次危险	Ⅲ	1 户 4 人 4 窑
32	WQ069	阳台崩塌	较稳定	轻	次危险	Ⅲ	2 户 7 人 11 窑
33	WQ070	王咘湾崩塌	较稳定	轻	次危险	Ⅲ	3 户 7 人 12 窑
合计							威胁 69 户 256 人 270 窑（房）、2 个砖厂，公路 180m

B 地质灾害点居民搬迁避让

区内 53 处威胁到村民安全的地质灾害隐患点应采取搬迁避让措施，其中，全村搬迁避让的 4 处，滑坡整体稳定仅局部不稳定，或仅威胁部分住户的 49 处。全区搬迁避让共 187 户 816 人，731 间房（及窑洞）。其中 2011 年底前搬迁避让地质灾害及其隐患点 1 处（大台滑坡 WQ001），涉及 4 户 21 人 14 窑；2013 年前搬迁地质灾害隐患点 19 处，涉及 114 户 539 人 447 窑（房）；2015 年前搬迁地质灾害隐患点 33 处，涉及 69 户 256 人 270 窑（房）。

C 地质灾害治理工程

区内适宜做工程治理的地质灾害点有 21 处，规划近期治理 15 处，中期治理 6 处。其中：已勘查有待治理的地质灾害点有大路沟滑坡（1）（WQ072）、吴起镇后山滑坡（WQ041）、袁和庄不稳定斜坡（WQ074）；建议对韩岔滑坡（2）（WQ011）、王洼子滑坡（WQ035）、石百万滑坡（WQ043）、炸药库滑坡（WQ044）、政府沟泥石流（WQ049）等地质灾害隐患点及时进行处理（见表 7.12）。

表 7.12 工程治理灾害点一览表

序号	灾点编号	灾点名称	位　　置	稳定性	危害程度	危险性	分期	分级	防治措施
1	WQ010	韩岔滑坡（1）	长官庙乡梁岔村韩岔组	较稳定	中	次危险	中	Ⅱ	
2	WQ011	韩岔滑坡（2）	长官庙乡梁岔村韩岔组	较稳定	重	危险	近	Ⅰ	
3	WQ022	任渠子滑坡	白豹镇李桥村任渠子组	较稳定	轻	次危险	近	Ⅰ	
4	WQ027	马营滑坡	白豹镇土佛寺村马营组	较稳定	中	次危险	中	Ⅱ	
5	WQ028	朱峁子滑坡（1）	白豹镇土佛寺村朱峁子组	较稳定	轻	次危险	中	Ⅱ	汛期加强监测、坡面植树种草，进行简易工程治理，如坡面排水、填埋落水洞、裂缝、人工清除危土等
6	WQ030	洞子沟滑坡	白豹村背庄村洞子沟组	较稳定	中	次危险	中	Ⅱ	
7	WQ035	王洼子滑坡	王洼子乡王洼子村王洼子组	较稳定	重	危险	近	Ⅰ	
8	WQ041	后山滑坡	吴起镇后山滑坡	不稳定	中	危险	中	Ⅰ	
9	WQ043	石百万滑坡	吴起镇金佛坪村崖窑台组	较稳定	重	危险	中	Ⅱ	
10	WQ044	炸药库滑坡	吴起镇张坪村	不稳定	中	危险	近	Ⅰ	
11	WQ049	政府沟泥石流	洛源街道办政府沟	中等发育	重	危险	近	Ⅰ	
12	WQ050	政府沟滑坡	洛源街道办政府沟	较稳定	轻	次危险	近	Ⅰ	
13	WQ052	杏树沟门滑坡（1）	洛源街道办宗圪堵村杏树沟门组	较稳定	中	次危险	近	Ⅰ	

序号	灾点编号	灾点名称	位　置	稳定性	危害程度	危险性	分期	分级	防治措施
14	WQ055	燕麦地沟门崩塌	洛源街道办宗圪堵村燕麦地沟门组	较稳定	中	次危险	近	I	汛期加强监测、坡面植树种草，进行简易工程治理，如坡面排水、填埋落水洞、裂缝、人工清除危土等
15	WQ057	政府沟崩塌（2）	洛源街道办宗湾子村宗湾子组	较稳定	中	次危险	近	I	
16	WQ060	刘庄崩塌	吴仓堡乡周关村刘庄自然村西侧	较稳定	中	次危险	近	I	
17	WQ063	后台崩塌	吴仓堡乡吴仓堡村后台自然村	较稳定	轻	次危险	近	I	
18	WQ065	吴仓堡中学滑坡(1)	吴仓堡乡吴仓堡中学南侧	较稳定	重	次危险	近	I	
19	WQ072	大路沟滑坡（1）	薛岔乡大路沟村	不稳定	重	危险	近	I	
20	WQ073	大路沟崩塌	薛岔乡大路沟村	较稳定	中	次危险	近	I	
21	WQ074	袁和庄不稳定斜坡	白豹镇袁和庄吴起第二采油厂注水站	不稳定	轻	危险	近	I	

8 结论与展望

8.1 结论

针对吴起县地质灾害的分析和防治对策得出以下几点结论：

（1）地质环境条件整体较差，有利于地质灾害的发生。吴起县地处黄土高原北部，北距毛乌素沙漠较近。吴起县调查区由黄土梁峁沟壑地貌和黄土梁涧地貌两类地貌单元组成，其中还包含河流地貌。主要地层为马兰黄土（砂黄土）、离石黄土、红色黏土和砂岩。区内地表水系发育，沟壑纵横，地形破碎，生态环境脆弱；高陡的边坡和较松散的土体为地质灾害的发生提供了有利的条件；人类工程活动主要集中在河谷地区，降水和人类工程活动成为触发地质灾害的重要因素。

（2）地面调查74处地质灾害隐患点和123处灾害地质点。滑坡均属黄土滑坡，其中小型滑坡30处、中型滑坡73处、大型滑坡30处；崩塌均为黄土（土质）崩塌，其中大型崩塌4处、中型崩塌22处、小型崩塌27处。不稳定斜坡均为黄土质，其中5处属地质灾害隐患点，5处属灾害地质点。滑坡崩塌地质灾害总体上具有数量多、密度高、变形模数大，规模以中小型为主，引发因素清楚的特征。

（3）人类工程活动和降水的双重作用是滑坡崩塌灾害形成的触发因素。沟谷发育期、坡体地质结构、坡体形态等是滑坡崩塌灾害形成的控制因素，地下水和植被是滑坡崩塌灾害形成的影响因素，人类工程活动和降水的双重作用是滑坡崩塌灾害形成的触发因素。斜坡地质结构决定了斜坡变形破坏的方式和软弱结构面的位置，形成黄土层内滑动面、黄土-基岩接触面滑动面、黄土-红黏土接触面滑动面三种类型。地质灾害多分布在人口分布密度大、人类工程活动强烈的洛源街道办、吴起镇、薛岔乡等乡镇。

（4）地质灾害在时间空间上具有相对集中和条带状展布的规律。地质灾害在空间上具有相对集中和条带状展布的规律，形成高、中、低易发区（带）。在时间域上主要表现为，在地质历史时期，滑坡、崩塌在晚更新世末和全新世初期相对集中；在人类历史时期，滑坡、崩塌在人类活动强烈的时期相对集中；在一年之内，滑坡、崩塌在7~10月份雨季和4月的融冻期相对集中。

（5）选取典型地质灾害点进行定性和定量分析评价。选择典型的具有代表性的 5 处滑坡，1 处崩塌和 1 处不稳定斜坡，分别剖析了发育特征和形成机理。74 处隐患点中滑坡不稳定的 5 处、较稳定的 46 处；崩塌不稳定的 2 处、较稳定的 15 处。区内崩塌具有规模小、突发性强、危害大的特点，并且发生频率高，应引起足够重视。

（6）以现状评估为基础对隐患点预测评估。现状评估结果表明：调查区近些年来有记载的、造成一定经济损失和人员伤亡的地质灾害共有 20 处（其中滑坡 5 处、崩塌 15 处；小型 5 处、中型 13 处、大型 2 处），共造成毁窑 63 孔、死亡 34 人、伤 5 人，掩埋公路 600m，造成直接经济损失约 135 万元。预测评估结果表明：可能危及居民生命财产安全、基础设施和工程建设的地质灾害 74 处，共威胁 235 户、1865 人、971 窑（房），公路 1280m，工厂（单位）14 处等，潜在经济损失共计 4127.5 万元。

（7）以定性分析为主、定量评价为辅的方法划分滑坡、崩塌易发区和地质灾害危险区。地质灾害高易发区主要分布于城市化建设速度较快、人类工程活动强烈的吴起县城区至吴起镇金佛坪一带，总面积 750.5km^2，占全县面积的 19.8%；地质灾害高危险区主要分布于吴起县城区洛源街道办及薛岔川两岸这两个区域内，总面积约 534.9km^2，占全县面积的 14.11%。

（8）吴起县属砂黄土地区，工程地质条件较差，工程活动宜分区进行。在调查比较的基础上划分适宜居住区，因地制宜设置应急搬迁新址；完善地质灾害群测群防体系并制定了防治规划，在 74 处地质灾害隐患点中，需近期防治的点 16 处，中期防治的点 25 处，远期防治的点 33 处；属 Ⅰ 级防治的 21 处、Ⅱ 级防治的 22 处、Ⅲ 级防治的 31 处；需避让 54 处，工程治理的 20 处；编制了地质灾害防治规划建议。

（9）本次调查按短时间强降雨条件和连续降雨条件对可能发生的临界降雨量，按照最高级（Ⅰ）、中级（Ⅱ）、最低级（Ⅲ）三个预警级别，进行了地质灾害气象预警区划。

8.2　展望

关于地质灾害防治的展望如下：

（1）地质环境保护与地质灾害防治是预防地质灾害的根本措施，必须以人为本，坚持科学发展观，提高地质环境保护意识，以防为主、防治结合。建设用地场址应尽量远离直线形和凸起形斜坡，坡高不宜超过 20m，坡度以小于 20° 为佳，建议地质灾害防治边坡设计采用单级坡比 1∶0.4 ~ 1∶0.6，单坡坡高 10 ~ 15m，大平台宽度 6 ~ 8m；当坡高大于 40m 时，中部设 8 ~ 12m 大平台。

（2）将合理利用、保护地质环境与防治地质灾害纳入当地国民经济与社会发展的计划之中。县级人民政府每年应落实相应数量的地质灾害防治经费。

（3）进一步完善群测群防网络体系建设，以防为主、防治结合。危险和次危险的灾害点必须落实监测人，加强地质灾害险情的动态监测，重大地质灾害和重大险情迅速上报。对于发现的重大地质灾害，必须在24h以内向上级主管部门报告；对发现重大险情的地质灾害隐患点，一旦出现险情，立即上报，以便组织专业技术人员现场及时调查，为当地政府抢险救灾提供决策依据。

（4）建立建设用地地质灾害危险性评估制度。人类工程活动为地质灾害最大的诱发因素之一，要从制度上规范人类工程活动，对于农村或城镇居民个人建房，土地划拨单位应进行地质灾害危险性评估，防止将新房建在地质灾害危险区域的悲剧重演。

（5）在本次工作基础上，建议进一步开展如下工作：

1）对应急搬迁避让新址位置进行地质灾害危险性评估。

2）完善地质灾害风险评估技术方法和探讨地质灾害风险管理方法。

3）在小尺度风险评估的基础上，开展县（区）级地质灾害气象预警预报研究，开发县（区）级地质灾害气象精细预警模型。

4）开展重大地质灾害勘查、监测预警工作。

5）进一步宣传地质环境保护和地质灾害防治知识，提高群众地质灾害防治意识，不断完善群专结合的监测网络。

参 考 文 献

[1] 雷祥义, 等. 黄土高原地质灾害与人类活动 [M]. 北京: 地质出版社, 2001.

[2] 刘传正. 地质灾害预警工程体系探讨 [J]. 水文地质工程地质, 2000, 27(4): 1~4.

[3] 彭建兵, 等. 工程场地稳定性系统研究 [M]. 西安: 西安地图出版社, 1997.

[4] 乔建平, 赵宇. 滑坡危险度区划研究评述 [J]. 山地学报, 2001, 19(2): 157~160.

[5] 陕西省地质局第一水文地质队. 陕北地区区域地质-水文地质测量初步报告 [R]. 1970.

[6] 张宗祜. 黄土高原区域环境地质问题及治理 [M]. 北京: 科学出版社, 1996.

[7] 陕西省地质局第二水文地质队, 陈云. 陕西黄土工程地质性质研究 [M]. 北京: 地质出版社, 1986.

[8] 陕西省地质局第二水文地质队. 陕西省区域环境地质调查报告 [R]. 2000.

[9] 张宗祜. 中国黄土 [M]. 石家庄: 河北教育出版社, 2003.

[10] 王念秦. 黄土滑坡灾害研究 [M]. 兰州: 兰州大学出版社, 2007.

[11] 中国地质调查局西安地质调查中心. 陕西省延安市宝塔区地质灾害详细调查报告 [R]. 2006.

[12] 长安大学工程设计研究院. 陕西省吴起县地质灾害调查与区划报告 [R]. 2007.

[13] 长安大学工程设计研究院. 陕西省吴起县袁和庄注水站边坡稳定性评价报告 [R]. 2009.

[14] 中国人民解放军建字 724 部队. 子长幅区域水文地质普查报告 [R]. 1977.

[15] 孙建中. 黄土学 (上册) [M]. 香港: 香港考古学会, 2005.

[16] 王家鼎. 高速黄土滑坡的一种机理——饱和黄土蠕动液化 [J]. 地质评论, 1992, 38(6): 532~539.

[17] 王志荣, 王念秦. 黄土滑坡研究现状综述 [J]. 中国水土保持, 2004, (11).

[18] 晏同珍. 水文工程地质与环境保护 (第1版) [M]. 武汉: 中国地质大学出版社, 1994.

[19] 殷坤龙, 汪洋, 唐仲华. 降雨对滑坡的作用机理及动态模拟研究 [J]. 地质科技情报, 2002, 21(1).

[20] 殷跃平, 等. 兰州皋兰山黄土滑坡特征及灾度评估研究 [J]. 第四纪研究, 2004, 24(3): 302~310.

[21] 殷跃平. 中国地质灾害减灾战略初步研究 [J]. 中国地质灾害与防治学报, 2004, 15(2): 1~8.

[22] 殷跃平, 等. 全国地质灾害趋势预测与预测图编制 [J]. 第四纪研究, 1996(2): 123~130.

[23] 张茂省, 等. 延安市宝塔区崩滑地质灾害发育特征与分布规律研究 [J]. 水文地质工程地质, 2006.

[24] 张咸恭, 等. 中国工程地质学 [M]. 北京: 科学出版社, 2000.

[25] 张倬元. 典型人类工程活动与地质环境相互作用研究 (一) [M]. 成都: 西南交通大学出版社, 1994.

[26] 郑颖人, 等. 有限元强度折减法在土坡与岩坡中的应用 [C]. 岩石力学与工程学会大会论文集, 2002.

[27] 中国地质调查局. 滑坡崩塌泥石流灾害详细调查规范 (1:50000)(DD02—2008), 2005.

［28］ 钟立勋. 中国重大地质灾害实例分析［J］. 中国地质灾害与防治学报，1999，10（3）：
1～6.

［29］ 吴玮江，王念秦. 黄土滑坡的基本类型与活动特征［J］. 中国地质灾害与防治学报，
2002，13（2）：36～40.

［30］ 刘东生，等. 黄土的物质成分与结构［M］. 北京：科学出版社，1966.

［31］ 刘东生，等. 黄土与环境［M］. 北京：科学出版社，1985.

［32］ 王永焱，林在贯. 中国黄土的结构特征及物理力学性质［M］. 北京：科学出版
社，1991.

［33］ 文宝萍. 黄土地区典型滑坡预测预报及减灾对策研究［M］. 北京：科学出版社，1997.

［34］ 许领，戴福初，闵弘. 黄土滑坡研究现状与设想［J］. 地球科学进展，2008，23（3）：
236～242.

［35］ 陈志新，倪万魁. 延安滑坡及其灾害防治［M］. 北京：科学出版社，2002.

［36］ 徐张建，林再贯，张茂省. 中国黄土与黄土滑坡［J］. 岩石力学与工程学报，2007，26
（7）：1297～1312.

［37］ Terzaghi K. Mechanism of Landslide. In S. Paige（ed）Application of Geology to Engineer-
ing Practice，Geological Society of America，Berkey，1950：83～123.

［38］ Bishop A W，Morgenstern N. Stability Coefficients for Earth Slopes. Geotechnique，1960，10
（4）：129～150.

［39］ Sassa，K. Geotechnical Model for the Motion of Landslide. Proceedings of 5th Int［J］. Symp.
on Landslides，1988，（1）：37～55.

［40］ Taylor D W. Stability of Earth Slope. Journal of Boston Society of Civil Engineers，1937，24：
197～246.

［41］ Morgenstern N. Stability Charts for Earth Slopes during Rapid Rundown. Geotechnique，1963，
13（2）：121～131.

［42］ Spencer E. Amethod of Analysis of the Stability of Embankments Assuming Parallel Inter-slice
Force. Geotechnique，1967，17（1）：11～26.

［43］ Skempton A W. Long-term Stability of Clay Slopes. Geotechnique，1964，14（2）：77～101.

［44］ Skempton A W. Residual Strength of Clays in Landslides，Folded Strata and the Laboratory.
Geotechnique，1985，35（1）：3～18.

［45］ Skempton A W. First-time Slides in Over-consolidated Clays. Geotechnique，1970，20（3）：
320～324.

［46］ 黄润秋. 20 世纪以来中国的大型滑坡及其发生机制［J］. 岩石力学与工程学报，2007，
（26）：433～454.

［47］ 宋克强，孙超图，袁继国. 黄土滑坡的模型试验研究［J］. 水土保持学报，1991，5（2）：
14～21.

［48］ 卢全中，彭建兵，范文，等. 大尺寸裂隙性黄土的直剪试验［J］. 公路，2006，5：
184～187.

［49］ 张照亮，赵德安，陈志敏，等. 注浆黄土原位剪切试验［J］. 交通标准化，2006，153
（5）：59～62.

[50] 陈志敏，赵德安，李双洋，等. 黄土滑坡最不利滑面综合分析方法[J]. 铁道工程学报，2007，106(7)：12～16.

[51] 周永习，张得煊，周喜德. 黄土滑坡流滑机理的试验研究[J]. 工程地质学报，2010，18(1)：72～77.

[52] 王松鹤，骆亚生，董晓宏，等. 黄土剪切蠕变特性试验研究[J]. 岩石力学与工程学报，2010，29(增1)：3088～3092.

[53] 王松鹤，骆亚生. 黄土三轴剪切蠕变特性研究[J]. 岩土工程学报，2010，32(10)：1633～1637.

[54] 张帆宇. 黄土的剪切行为和黄土滑坡[D]. 兰州大学博士学位论文，2011.

[55] 张茂花，谢永利，刘保健. 增湿时黄土的抗剪强度特性分析[J]. 岩土力学，2006，27(7)：1195～1200.

[56] 党进谦，李靖. 非饱和黄土的结构强度与抗剪强度[J]. 水利学报，2001，(7)：79～83.

[57] 龙建辉，李同录. 黄土滑坡滑带土的物理特性研究[J]. 岩土工程学报，2007，29(2)：289～293.

[58] 袁晓蕾. 黄土滑坡的滑带土强度试验参数统计及可靠性研究[D]. 长安大学学位论文，2007.

[59] 李瑞娥. 黄土滑坡滑带土的研究[D]. 西安：西北大学硕士学位论文，2005.

[60] 雷胜友，唐文栋，王晓谋，等. 原状黄土损伤破坏过程的 CT 扫描分析（Ⅱ）[J]. 铁道科学与工程学报，2005，2(1)：51～56.

[61] 邵生俊，周飞飞，龙吉勇. 原状黄土结构性及其定量化参数研究[J]. 岩土工程报，2004，26(4)：531～536.

[62] 李宏儒. 结构性黄土破损变形发展演化特性的研究[D]. 西安理工大学博士论文，2009.

[63] 王景明，等. 黄土构造节理的理论及其应用[M]. 北京：中国水利水电出版社，1996.

[64] 王家鼎，张倬元. 典型高速滑坡群的系统工程地质研究[M]. 成都：四川科学技术出版社，1999.

[65] 许领，戴福初，邝国麟. 黄土滑坡典型工程地质问题分析[J]. 岩土工程学报，2009，31(2)：287～293.

[66] 谢定义. 讨论我国黄土力学研究中的若干新趋向[J]. 岩土工程学报，2001，23(1)：1～13.

[67] 铁道部科学研究院西北分院. 滑坡防治[M]. 北京：人民铁道出版社，1977.

[68] 乔平定，李增均. 黄土地区工程地质[M]. 北京：水利电力出版社，1990.

[69] 李同录，龙建辉，李新生. 黄土滑坡发育类型及其空间预测方法[J]. 工程地质学报，2007，15(04)：500～505.

[70] 王恭先，徐峻龄，刘光代，等. 滑坡学与滑坡防治技术[M]. 北京：中国铁道出版社，2007.

[71] 朱照宇，丁仲礼. 中国黄土高原第四纪古气候与新构造演化[M]. 北京：地质出版社，1994.

[72] 孙蓓，岳乐平，王建其，等. 黄土高原北部晚新近纪"吴起古湖"的古地磁年代学与古环境记录[J]. 地球物理学报，2010，53(6)：1451～1462.

[73] 罗丽娟，赵法锁，陈新建. 巨型黄土滑坡剪出口滑带土的原位剪切试验研究[J]. 西安科技大学学报，2009，29(4)：459～464.

[74] 刘祖典. 黄土力学与工程[M]. 西安：陕西科学技术出版社，1997.

[75] 陈新建，等. 陕西省延安市吴起县地质灾害调查与区划报告[R]. 长安大学，2007.

[76] 赵法锁，陈新建，等. 陕西省延安市吴起县地质灾害详细调查报告[R]. 长安大学，2009.

冶金工业出版社部分图书推荐

书　名	作　者	定价(元)
绳索取心钻探技术	李国民	39.00
环境地质学(第2版)	陈余道	28.00
地质灾害治理工程设计	门玉明	65.00
滑坡演化的地质过程分析及其应用	王延涛	23.00
工程地质学	张　荫	32.00
土力学与基础工程	冯志焱	28.00
基坑支护工程	孔德森	32.00
岩土工程测试技术	沈　扬	33.00
土力学	缪林昌	25.00
岩石力学	杨建中	26.00
建筑工程经济与项目管理	李慧民	28.00
土木工程施工组织	蒋红妍	26.00
地质学(第4版)	徐九华	40.00
矿山地质	刘兴科	39.00
复合散体边坡稳定及环境重建	李示波	38.00
环境补偿制度	李利军	29.00
环境影响评价	王罗春	49.00